孩子心理自愈力

曹宇月辰◎著

金盾出版社
JINDUN PUBLISHING HOUSE

图书在版编目（CIP）数据

孩子心理自愈力 / 曹宇月辰著 . -- 北京：金盾出版社，2025.5. -- ISBN 978-7-5186-1852-1

Ⅰ . B844.1

中国国家版本馆 CIP 数据核字第 2025H9Z967 号

孩子心理自愈力

HAIZI XINLI ZIYULI

曹宇月辰　著

出版发行：金盾出版社		开　本：710mm×1000mm　1/16		
地　　址：北京市丰台区晓月中路 29 号		印　张：10		
邮政编码：100165		字　数：125 千字		
电　　话：（010）68276683		版　次：2025 年 5 月第 1 版		
（010）68214039		印　次：2025 年 5 月第 1 次印刷		
印刷装订：天津画中画印刷有限公司		印　数：1 ~ 11500 册		
经　　销：新华书店		定　价：56.80 元		

目 录

第一章　一起认识"情绪"小伙伴

01 情绪是什么，为什么我们会有情绪

【情景再现】

在成长的过程中，你总能听到爸爸妈妈夸奖你是一个乖巧、优秀的小孩。然而，有的时候，你也会听到他们用"闹情绪"来形容你。比如，当你因为一道数学题解不出来而感到烦躁时，妈妈会说："你又闹情绪了。别着急，慢慢来。"某一天，你最喜欢的风筝被邻居家的孩子踩坏了，泪水在你的眼睛里打转。你不知道自己为什么会有这些感觉，更不知道父母口中的"闹情绪"到底是什么？

【内耗表现】

每当情绪来袭时，你会觉得内心一团乱麻，不知所措。当你最喜欢的风筝被邻居家的孩子踩坏时，你既愤怒又伤心，却害怕表达这些情绪。你开始怀疑自己："是不是因为我做得不够好，才有这么多情绪？"这些情绪像个小怪兽，时不时跳出来捣乱，让你困惑、无助。每次情绪来临，你都觉得像是一场风暴，卷走了你的快乐与安心。

【反内耗做法】

当你感到情绪一下子涌上来时，先做几个深呼吸，告诉自己："情绪并不可怕，它们只是在提醒我一些重要的事情。"以前，你总是试图压抑自己的情绪，以为只有这样才能成为乖巧、优秀的小孩。但现

在，你知道情绪也是你心理的一部分，它们帮助你了解自己真正的感受。比如，当你因为风筝被踩坏而生气或难过时，可以告诉自己："我现在生气了，因为我很在意那只风筝。"这样，你就能更好地理解自己的感受。

【通关秘籍】

情绪是我们生活中不可缺少的一部分，掌握以下小秘籍，让自己更好地理解情绪从哪里来！

● 我们要了解情绪到底是什么？情绪就像是我们心里的小指南针，帮助我们理解自己和周围的世界。比如，当你感到开心时，你知道你正在做让自己高兴的事情；当你感到生气或难过时，这是情绪在告诉你，有些事情需要改变或者需要注意。情绪是我们和世界互动的一种方式。

● 面对突如其来的情绪，这里有几个小窍门分享给你：

1. 深呼吸法：当你感到情绪失控、不知道该怎么办时，试着放缓呼吸，深深吸一口气，让空气充满你的肺部，再慢慢吐出来，好像把所有的紧张和压力一起吹走。重复几次，这样你的情绪就会慢慢平静下来，心情也会放松一些。

2. 情绪表达法：可以通过写日记、画画或者和信任的人聊天的方式来表达内心的感受。把心里的情绪说出来或者画出来，这样不仅会让你感觉轻松很多，还能帮助你更好地理解自己。

3. 分析原因法：情绪的产生通常是因为我们的某些需求没有得到满足。当你感到烦躁、悲伤或者愤怒时，试着冷静下来，想一想是什么事情让你有这样的感觉。

【作者有话说】

心理学学者荣格说过："情绪是告诉我们内心正在发生什么的最真实的信号。"

情绪就像是一面镜子，反映出我们内心最真实的感受。无论是喜悦、愤怒、悲伤，还是恐惧，情绪的存在是我们与世界互动的自然反应。正如日升月落，我们的情绪也会有起伏变化。记住，无论什么样的情绪，都是我们内心世界的一部分，接纳它们，就是在接纳真正的自己！

02 情绪 也有好坏之分吗

【情景再现】

在看动画片时，你注意到当主角开心的时候，总有一个小天使为他鼓掌；而当他生气的时候，会有一个小恶魔举着叉子出现。你不禁好奇："难道生气和愤怒就是邪恶的代表吗？"

你感到困惑和害怕，不确定是不是只有高兴才是正确的情绪，而悲伤和愤怒则是所谓的坏情绪。你也担心，自己会因为偶尔的愤怒变成那个"小恶魔"，或者因为哭泣被看作"不坚强的爱哭鬼"。

【内耗表现】

你开始质疑自己的情绪，觉得那些所谓的坏情绪简直就是你内心的敌人。你不敢表达自己的真实感受，担心被人看作情绪化或不坚强。你的内心似乎有个声音不断在责备你："为什么会生气？为什么会难过？我不是应该一直开心吗？"这种声音让你更加纠结了，你害怕这些情绪会让你变成"不好的小孩"或"失败者"。

【反内耗做法】

你闭上眼睛，静静想道："每一种情绪都是我心理的一小部分，不需要躲开它们。"你想起了上次因为打羽毛球输了而感到难过的经历，以前的你可能会觉得自己不够好，甚至还会怪自己没有更加努力。但这一次，你选择接受自己的情绪，允许自己难过一会儿。你明白，这种难过、伤心的情绪是正常的。于是，你对自己说："我可以感到难过或沮丧，这没什么大不了的，情绪只是我对生活的真实反应。"

【通关秘籍】

掌握以下小秘籍，学会将情绪化作前进的动力！

● 我们要明白情绪是多样的。情绪就像彩虹，每一种颜色都有它的独特之处。快乐让我们感受到生活中的美好，悲伤提醒我们珍惜现在拥有的一切，愤怒告诉我们需要改变，担忧让我们学会为未来做好准备。情绪就像心里的小精灵，帮我们和这个世界对话。当你感到难过时，别忘了对自己多一点耐心和宽容。

● 面对多种多样的情绪，这里有三个小窍门分享给你：

1. 接纳所有情绪：无论是高兴、悲伤还是愤怒，每种情绪都是人类正常的反应。不要因为某种情绪而责怪自己。比如，当你感到愤怒时，可以尝试找到愤怒的原因，并思考如何更好地处理这个情境。

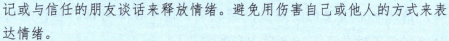

2. 健康表达情绪：情绪需要表达，但要用健康的方式。比如，当你感到生气时，可以通过深呼吸、写日记或与信任的朋友谈话来释放情绪。避免用伤害自己或他人的方式来表达情绪。

3. 学习情绪管理：情绪管理是一项重要的技能，学会识别自己的情绪，并找到适合的应对方法。比如，当你感到悲伤时，可以做一些让自己放松的事情，如听音乐、画画或者进行体育运动。

【作者有话说】

情绪就像多彩的调色盘，无论是喜悦的明黄还是悲伤的深蓝，每一种情绪都有它独特的价值和意义。情绪就像四季的更替，大自然没有偏爱春天的温暖或夏日的灿烂，每一个季节都有它的美丽和意义。情绪也没有好坏之分，它们共同构成了我们丰富多彩的内心世界，让我们更加真实，更加完整。无论是哪一种情绪，都在塑造着我们成为独一无二的自己。

03 为什么
我总是特别容易受伤

【情景再现】

放学后，你和几个同学在操场上玩游戏，结果不小心摔了一跤，膝盖擦破了皮。大家都在笑，说你太不小心了。你咬着嘴唇，努力忍住眼泪，但心里却感到一阵委屈："为什么大家总是这样取笑我呢？"

每当有人对你开玩笑或者批评你时，你总是会很在意，心里像被什么东西扎了一下。你觉得自己好像太脆弱了，你常常问自己："为什么我总是特别容易受伤？是不是我不像其他小朋友那样坚强？"

【内耗表现】

你总是能从别人的话里听出对你的批评或是嘲笑，你知道他们或许没有恶意，可那些话就像一根根小刺，一直扎在你心里。上次在课堂上，老师点名让你回答问题，你一时紧张，答错了。虽然老师并没有责备你，可你总觉得全班同学都在偷偷笑话你。从那以后，每次上课你都不敢抬头，害怕再被叫到。你忍不住地对自己说："我怎么这么笨，连这点事都做不好！"

【反内耗做法】

你轻轻地吸了一口气，心里想着："没关系，敏感也是一种特别的能力。虽然别人的话可能让我感到难过，但这说明我很在意身边的人和事。"一直以来，你总是觉得自己太容易受伤，为一点小事就会难过。可是现在，你开始明白，敏感其实不是坏事。它让你更懂得别人的感受，也让你更珍惜自己的情感。敏感并不是软弱，而是一种真实面对自己内心的勇气。接纳自己的真实感受，你会成为一个富有爱心和同情心的人。

【通关秘籍】

掌握以下小秘籍，学会将情绪化作前进的动力！

● 敏感是一种天生的特质。敏感就像一双特别敏锐的眼睛，能看到别人没注意到的细节，感受到生活中更多的变化。请记住，敏感不是坏事，它能让你更容易体会到生活中的美好。你能更细腻地感受到别人的关心，捕捉到微小的幸福瞬间。当你觉得自己受伤时，试着对自己说："感受多，让我变得独一无二。"

● 面对多种多样的情绪，这里有三个小窍门分享给你：

1. 自我鼓励法：当你感到伤心时，可以用积极的话语安慰自己，比如："我很在意身边的人，这说明我有一颗善良的心。""难过的时候可以允许自己放松，明天会更好！"鼓励自己找回快乐。

2. 创造"安全空间"：找一个你觉得安全和舒适的地方，比如你的房间或者一个安静的角落。当你觉得伤心时，可以去"安全空间"待一会儿，让自己在熟悉的环境中恢复平静。

3. 快乐小任务：当你感到伤心时，试着找出一天中让你感到温暖和快乐的事情。比如有人对你微笑，将这些美好的小事记录在一个本子上。在难过时，翻开本子，看看这些小小的快乐，它们会帮你找到重新微笑的力量。

【作者有话说】

有时候，你可能会觉得自己特别容易受伤，好像每一件小事都能触动你的内心。这种敏感就像树上的细小枝叶，虽然看起来脆弱，但它们能感受到风的每一次吹拂。相信自己，这种敏感正是你对世界的细腻感知。接受这种敏感，体会生活中的美好，学会从中找到成长的力量，你会发现自己像那树上的枝叶一样，能够随风起舞，感受世间的一切美好！

04 为什么
我会怕和别人说话

【情景再现】

放学后，你想邀请同学们跟你一起去操场运动。你看着同学们三三两两地聊天，想开口说话，却总是觉得喉咙像被什么堵住了一样。你不知道该怎么主动邀请别人，不知道该说什么，更害怕说错了话。最后，因为太紧张，你还是没能开口邀请，只能独自一人回家了。你心里有很多想法，却不知道该怎么表达，害怕自己说错话。为什么别的同学都能轻松自在地和大家聊天，而你每次都会这么紧张呢？

【内耗表现】

每次当你想要和别人说话的时候，心里就会开始打鼓。明明你有很多话想说，但一到要开口的时刻，话就卡在喉咙里出不来了。你害怕自己说错话，害怕别人会笑你。所以，你宁愿保持安静，装作自己什么都不想说。心里的那个小声音在不停地嘀咕："我要是说错了，别人会怎么看我？"这些想法像一张网，紧紧地包住了你，让你不敢迈出第一步。

【反内耗做法】

你轻轻握住拳头，在心里为自己打气："没关系，慢慢来，害怕和别人说话是可以克服的。"当你鼓起勇气对别人说出第一句话时，你会发现，其实跟别人说话并没有你想象中那么可怕。慢慢地，你会变得越来越有自信，明白自己完全可以和别人顺利沟通。即使有时候说错了，也没关系，因为每次尝试都是一次进步的机会。接受自己紧张的小情绪，你会发现，自己其实比想象中更加勇敢、更加有能力。

【通关秘籍】

　　如果你总是害怕跟别人说话，不要担心，这里有几个小秘诀帮你变得更加自信哦！

　　● 我们要知道害怕说话并不是一种缺点。其实，这种害怕是因为你很在意和别人的交流，想要和大家相处得好。就像在游乐场里，玩一个你从未尝试过的游戏，你可能会感到有点紧张，但这只是因为你很期待挑战自己。要知道，害怕和勇敢总是会交替出现，克服恐惧，敢于开口说话，是成功的第一步！

● 当你感到害怕说话时，这里有三个小技巧可以帮助你：

　　1. 练习对话法：找一个你信任的朋友或家人，和他们一起练习说话。模拟学校里可能遇到的对话场景，这样你在真正和别人说话时就会觉得更轻松自然。

　　2. 模仿法：找到一个你觉得很自信、说话很自然的人，比如你喜欢的老师、动画片里的角色或者电影里的明星。看看他们是怎么说话的，学学他们的语气和表情，并且试着在生活中像他们一样自信开朗地讲话。

　　3. 剧本准备法：提前准备几句你想说的话，像编写一个小剧本一样。可以是简单的问候、谈话开场白或者对某个话题的简单看法。记住，多练习几次，你会发现这些话会越来越顺口，自己也会逐渐变得善于交谈。

【作者有话说】

　　害怕跟别人说话，就像心里有一层薄薄的雾气，有时候会挡住我们的视线，让我们感觉有点紧张。但其实，这种害怕也是因为我们很在意跟别人交流，希望能和别人好好相处。告诉自己："没关系，我要勇于尝试！我能做到的！"每次当你鼓起勇气跟别人说话时，就像雾气散开后太阳照亮了天空，你会发现自己其实比想象中要强大很多。

05 为什么有时我开心，有时我难过

【情景再现】

今天放学后，妈妈带着你去公园玩耍。你看到大秋千，忍不住兴奋地跑过去，开始荡得高高的。风在耳边呼呼地吹，感觉好像飞起来了，你开心地笑了。突然，一个小朋友跑过来和你一起玩，他告诉你他要先玩秋千，你的心情瞬间变得沉了下来。你开始有点不开心，觉得为什么总是别人先玩？不再那么兴奋了，甚至觉得今天的公园都没有那么好玩了。你自己也有点迷惑，为什么刚才觉得特别高兴，现在却突然觉得很低落了呢？

【内耗表现】

你在想："我明明很开心，怎么一下子就变得不开心了呢？是不是我太小气了？"你觉得有些奇怪，为什么自己的情绪变化这么快，有时候刚刚还在笑，下一秒就开始皱眉了。你开始怀疑自己是不是太容易受影响了，觉得自己控制不了情绪，好像开心和难过之间只差了一根小线。每次情绪这样变来变去，你都觉得有点累，想要找到一个能让自己一直开心的办法，但又不知道该怎么做才行。

【反内耗做法】

其实，情绪经常变化是非常正常的，每个人都会有这样的感觉。

学会接受自己的情绪，不要强迫自己一直保持开心。有时情绪就像天气一样，不是你能控制的，它们会随着外界的事情变化。下次当你感到心情有点低落时，不要生气，也不要觉得自己很奇怪。你可以对自己说："没关系，我现在不开心，但是我知道这种感觉会过去的。"给自己一点时间，不需要一直追求完美的心情状态。慢慢地，随着时间的流逝，你会发现自己能越来越好地处理这些情绪变化。

【通关秘籍】

掌握这些小秘籍，学会如何在情绪波动时找到平衡：

● 首先，我们要明白，情绪有时就像海浪一样，一会儿高一会儿低。它们可能因为一些小事情而变化，就像天气有时候是晴天，有时候又是阴天。情绪变化并不是坏事，反而是帮助我们理解自己的一种方式，让我们知道自己在想什么、需要什么。它们是我们心灵的信号，告诉我们何时需要放松，何时需要努力。

● 以下三个小窍门，可以帮助你更好地接受情绪：

1. 找出情绪变化的原因：当你感到情绪变化时，试着问自己："为什么我会这样感觉呢？"有时候，找到原因后，你会发现自己的情绪变化是很正常的，这能帮助你更好地接受与理解这些情绪。

2. 做个情绪小记录：每天花几分钟，写下今天你的情绪变化。你可以在一个小本子里记录下，今天最开心的事情是什么，最让你不开心的事情又是什么。通过记录，你会发现情绪变化背后其实有很多原因，它们帮助你更了解自己。

3. 情绪"暂停键"：当你情绪变化太快时，可以暂时按下自己的"暂停键"，给自己一个短暂的休息时间。比如，离开当前环境，去洗个脸，或者站在窗前深呼吸几秒钟。这可以帮助你从情绪的波动中暂时抽离出来，让自己冷静下来。

【作者有话说】

　　情绪是我们身体和心灵的一部分，每个人都会有情绪变化。开心和难过的情绪都在告诉我们生活中的一些小变化，而它们并不意味着我们做错了什么。相反，它们是我们成长的标志。通过理解和接纳情绪的变化，我们能够更好地与自己相处。记住，每一次的情绪波动，都是你了解自己的一次机会。无论什么时候，都不要因为情绪的变化而对自己失去信心。每个情绪都是你的一部分，学会与它们共处，你会发现自己变得更加坚强和自信。

第二章 高敏感孩子的情绪世界

01 为什么 我总是"感觉太多"

【情景再现】

在语文课上，老师讲了一个很感人的故事。故事里有个小女孩经历了很多困难，但她始终没有放弃。你听着听着，心里一阵感动，你感觉眼睛有点湿湿的，泪水在眼里打转。同时，你偷偷看了一眼周围的同学，发现大家都在安静地听着，似乎没有人像你一样这么激动。你常常想："为什么我总是这么容易被感动、难过或开心？是不是只有自己才会因为这些'小事'产生这么强烈的感受？"

【内耗表现】

你发现自己对周围的事情、别人说的话，甚至是环境的一些细微变化，反应都特别敏感。你开始问自己："我是不是感觉太多了？"在集体活动时，你常常会因为别人的一句话或小动作而心里不舒服。你会担心，自己是不是太敏感了，害怕别人觉得你不够坚强，或者有点儿多余。于是，你把这些感觉藏在心里，不敢告诉别人，只能自己悄悄承受。

【反内耗做法】

你看着镜子里的自己，笑了笑说道："嘿，感觉多也没什么不好！这说明我不会错过生活里每个有意义的瞬间呀。"一直以来，你总觉得自己太敏感了，希望自己能够少一点"感觉"。现在你意识到，其实这些感觉并不是坏事。"感觉太多"让你能够更好地理解别人，感受世界上更多的美好，这其实是一种特别的能力。你要学会接受这些感受，珍惜它们，这样你才能更好地了解自己，让自己变得更有力量。

【通关秘籍】

掌握这些小秘籍，你会发现"感觉太多"并不是一种问题，反而是一种超能力！

● 我们要认识到"感觉太多"是一种天赋，代表着你有很强的感知力。这是一种特别的能力，它让你对世界有更丰富的感知。感知力强的小朋友就像一个细腻的小侦探，能发现别人看不到的细节。你能更深刻地感受快乐，也能更加理解别人的情绪。接纳自己的敏感，才能更好地运用这份天赋。

● 面对多变的情绪，这里有三个小窍门分享给你：

1. 玩偶扮演法：拿出你喜欢的玩具，比如小熊、小兔子或者其他任何玩具，用这些玩具来表现你感受到的情绪。比如，用小熊来表演你生气的样子。通过这种有趣的游戏，你可以更容易地理解和处理你的情绪。

2. 情绪转换法：当你感到过度紧张或者生气时，可以试着做一些让自己开心的小事情，帮助你从强烈的情绪中转移注意力，重新找回平静。

3. 情绪画画法：当你感觉到情绪很强烈时，可以拿出纸和画笔，把你的感觉画出来。无论是开心的笑脸，还是生气的火焰，这种方式可以帮助你把复杂的感受变得更简单，也能让你感受到更多的释放和舒缓。

【作者有话说】

心理学领域普遍认为："强烈的感受并不是软弱的表现，而是一个真正充满活力和富有同情心的人的标志。"感觉很多，就像一朵盛开的花，花瓣多了，颜色也更丰富。这种感觉并不是一种负担，而是一种礼物。你比别人更容易感受到世界的美好与复杂，这不是弱点，而是你内心的敏锐和温柔。这种感受力让你成为一个能够用心去感受周围一切的人。

02 家人的关心 让我喘不过气

【情景再现】

每天放学回家，妈妈和爸爸总会问你学校里发生的每件事："今天饭吃得好吗？有没有遇到什么烦心事？作业都做完了吗？今天记得早点睡。"你知道他们是在关心你，可是越来越多的问题和提醒让你觉得有点透不过气。后来，每次他们问你时，你就会止不住地想："他们为什么总是这么担心我？是不是我做得不好，才让他们这么操心？"你变得越来越紧张，生怕自己做错一点小事会让他们更担心。

【内耗表现】

你知道家人关心你是因为他们爱你，可有时候你也忍不住偷偷想："为什么他们的关心让我觉得这么累？"但你又不敢跟他们说，怕他们觉得你不懂得珍惜这份关心。渐渐地，每次他们问你学校的事或者提醒你注意学习时，你都会在心里悄悄问自己："为什么我不能让家人对我放心？"这些想法，让你越来越紧张，不管做什么都害怕出错。

【反内耗做法】

你看着全家福照片，心里想着："家人的关心是因为他们爱我，我要学会接纳这些感受！"虽然有时候你觉得家人的关心让自己有些紧张，但你也知道，这其实是他们对你深深的关爱。你意识到，家人的提醒不是为了让你更累，而是希望你能够更加优秀。其实，每个人都有自己的方式去关心和支持他人，接受这些关心，也是一种理解和成长。重要的是学会调整自己的心态，把关心看作鼓励，让自己更加明媚！

【通关秘籍】

如果你觉得家人的关心有时让你喘不过气，别担心！这里有几个小技巧帮你更好地应对这些感觉：

● 家人之所以常常担心你，是因为他们希望你少遇到一些麻烦，可以过得更加顺利和开心。他们怕你遇到意料之外的困难，所以才会一直提醒你。相信我，家人的关心是他们对你的爱，不是想给你增加压力，更不是觉得你做得不够好。用心去感受他们的爱，你就能在这份爱中茁壮成长，成为更好的自己。

● 学会理解来自家人们的关爱，这里有三个小窍门分享给你：

1. 幸福小卡片：每天花几分钟时间，写下一些你和家人在一起时经历过的美好瞬间。比如，家人对你说了什么让你觉得温暖的话。每当你感到有些紧张或不安时，可以翻开这些卡片，回顾那些让你感到幸福的时刻。

2. 舞动放松法：每当你感到有些压抑或不开心时，试着跟着喜欢的音乐跳舞。选择一首你喜欢的歌曲，跟着节奏尽情地舞动，释放内心的紧张和压力，让你感觉更轻松。

3. 爱的"称赞箱"：在家里放一个小箱子或罐子，每个人写下对其他家庭成员赞美的话语，并放进去。每周的家庭聚会上，大家可以一起取出这些纸条阅读，感受来自家人的温暖。

【作者有话说】

在图书《小王子》中，圣-埃克苏佩里写道："真正重要的东西是看不见的。"家人的关心就像温暖的阳光，无论是炽热的夏日阳光还是柔和的秋日阳光，每一缕都在传递爱与关怀。接受这份关心，就像接受生活的每一个季节，会让你变得更加坚强，更加完整。记住，每一份关爱都是你生命中的温暖阳光，让你在成长的道路上，始终都能感受到爱的滋养。

03 批评像针刺，我该怎么办

【情景再现】

你一直希望自己能成为父母心中的好孩子、老师眼中的好学生，一直是班级里的榜样学生。可是今天，情况却不一样。课上，老师指着你的作业，微微皱起了眉头："这道题你怎么做错了？这么简单的题目，应该不会难倒你啊！"老师的语气很平静，但这些话像针一样刺进了你的心。你顿时感到心里乱作一团，你觉得自己好像做错了什么大事，批评的话语像回声一样在你耳边不断重复，久久不散。

【内耗表现】

老师的批评像一根尖针，深深刺进了你的心里。你反复回想着老师的话，开始怀疑自己："为什么别人可以轻松完成，而我却做错了？是不是我不够努力？"这种自责的声音在你脑海里挥之不去，仿佛在不停地提醒你："我怎么这么没用？连这么简单的题都做错了。"你觉得没人能理解你的感受，每当想到那次批评，就觉得自己好像一无是处。

【反内耗做法】

这时，你停下来，深吸一口气，轻声对自己说："其实，偶尔被批评也没什么大不了的。"虽然老师的话像针一样扎心，但你突然意识到，这并不意味着你不够好。批评并不是对你的否定，而是一次让你成长的机会。你回想起自己曾经解决过的那些难题，意识到自己并不是不聪明，只是偶尔会犯错，这很正常。你笑了笑，对自己说："犯错是学习的一部分。每个人都会被批评，重要的是从中学习，下次做得更好。"

【通关秘籍】

这里的小秘籍可以帮助你应对批评的刺痛，轻松通关！

● 我们要理解批评的两面性。批评虽然听起来不舒服，但它就像一面镜子，能帮助我们看清自己的不足。批评提醒我们哪里做得还不够好，让我们有机会变得更优秀！当你因为被批评而感到被刺痛时，试着告诉自己："批评是成长的催化剂，它是在帮助我成长，让我变得更强大，让我变得更优秀，没什么好怕的！"

● 面对多变的情绪，这里有三个小窍门分享给你：

1. 自我肯定法：受到批评的时候，试着对自己说一些肯定的话，比如："我已经尽力了，这次没做到最好也没关系。"温暖的自我肯定就像一件小棉袄，能帮你抵挡外来的寒风，给自己多一点温暖和力量。

2. 批评转化法：让批评成为你进步的契机，而不是让它打击你。当有人批评你时，试着想："不要伤心，他人的批评帮助我看清自己哪里还不够好，我可以通过改进变得更强！"

3. 情绪画画法：当有人批评你时，不妨主动和他们聊一聊，问问他们具体想让你怎么做得更好。这样，你可以清楚地知道自己需要改进的地方，还能让别人知道你愿意学习和进步。

【作者有话说】

批评，就像生活中的小石子，它们可能绊你一下，但也可以成为你站稳脚跟的支点。我们每个人都会在某些时刻被批评，但这并不代表我们一无是处，而是我们还有进步的空间。想象一下，大树在风中摇曳，正是因为经历了风雨，它才会变得更加坚韧、更加高大。我们的心灵也是一样，每一次的批评都会帮助我们发现自己的不足，促使我们更好地成长。

04 别人一说话，我就觉得在议论我

【情景再现】

在学校里，你和几个小伙伴正在操场上玩游戏。突然，你听到身后有几个同学在窃窃私语，声音不大，却让你心里"咯噔"一下。你开始猜测："他们是不是在说我？"虽然他们只是随意地聊天，你却忍不住地觉得，自己一定是谈话的主题。你的脸微微发热，心里像有只小鼓在敲。接下来的一整天，无论走到哪里，你总觉得别人的眼神好像都在偷偷瞄你。你变得越来越紧张，害怕听到更多的议论。

【内耗表现】

你发现，自己对周围的声音特别敏感，哪怕是别人轻轻说话，你都觉得自己可能是他们的谈话对象。你开始猜想："他们是不是小声议论我？还是我刚才做错了什么？"这样的想法一次次在你脑海里盘旋，让你无法集中注意力。你觉得自己好像一直在被别人关注和评判。每次听到低语声，你都会不自觉地紧张起来，觉得自己做了什么让人嘲笑的事。

【反内耗做法】

你停下来，试着轻声告诉自己："其实他们根本没在说我。"你开始学会换个角度去看待这种情况——并不是所有的声音都在针对你。

或许那些同学只是在讨论他们的事情，和你一点关系都没有。你还回想起自己曾经误会别人在谈论自己，结果发现那只是自己想多了。现在，你学会给自己更多的空间，不再过度解读别人的言语和眼神，而是把更多的精力放在自己喜欢的事情上，让自己放松下来。

【通关秘籍】

掌握这些小秘籍，学会相信自己，不被外界的声音所影响！

● 有时候，我们会不自觉地感觉每个人都在关注自己，但其实大多数时候，大家只是忙着自己的事情，并不是真的在议论你。其实，每个人都有自己的事要做，谁也不会总是想着别人。重要的是，你要相信自己，不要因为别人的一举一动而怀疑自己。你要做的，是学会对这些无关的声音"关机"，只听从自己内心的声音。

● 学会不被他人的言语影响心情，试试以下这些小技巧：

1. 自我肯定卡片：制作几张卡片，写上"我很棒""我不需要在意别人的看法"等鼓励的话。当感到不安时，读一读这些卡片，提醒自己不要被外界的声音左右。

2. 思想"切换键"：当你听到别人低声谈论时，想象脑袋里有一个"切换键"。这个键可以帮你把注意力从"他们正在说我"的想法切换到"他们正在说别的事情"。当听到别人的议论时，告诉自己："我不需要对所有的声音都反应过度。"

3. 日记记录法：每天写下自己在不同情况下的感受，特别是那些让你觉得被议论的时刻。过几天再回看这些记录，通常会发现大多数时候是自己想多了。

【作者有话说】

认知主义心理学认为："我们感受到的东西，不一定是真实发生的事情。"很多时候，我们对外界的敏感反应，是因为我们很在意别人的看法。所以，当你觉得自己被"议论"时，试着让自己放轻松，不要把每一句话都与自己联系起来。你的人生由你自己掌控，外界的声音只是风中的叶子，偶尔飘过而已。学会信任自己，你会发现，自己的内心会变得更加安宁和强大。

05 面对变化，我怎么才能不慌乱

【情景再现】

今天，老师突然说明天要给大家换座位。你已经习惯了现在的座位，周围坐的也都是你熟悉的同学。面对这突如其来的变化，你一下子感到十分慌张，不知道该怎么办。你不停地问自己："我能适应新位置吗？要是旁边坐的都是不熟悉的同学怎么办？"这些想法让你心里像有无数只小鸟在扑腾，搞得你心跳加速，整个人都紧张得不行。你开始思考，怎么才能让自己冷静下来，慢慢适应这个突然的变化呢？

【内耗表现】

你很害怕这个突如其来的变化，脑袋里不停地想象最坏的情况：周围的同学都不熟悉，没人和你说话，或者自己根本适应不了新的环境。每次想到这些，心里就变得更加慌乱。你越来越紧张，晚上翻来覆去，怎么也睡不着。你甚至开始埋怨自己："为什么别人都不怕换座位，我却觉得天都要塌下来了？为什么我就不能像其他人那样轻松面对？"

【反内耗做法】

你突然意识到，或许这件事并没有自己想象得那么糟糕。虽然突然的变化总是让人感到不安，但你回忆起曾经克服过的困难，比如第一次上学时的紧张感、刚开始学骑自行车时的恐惧，最终你都安然度过了。你对自己说："换个座位并不是什么大问题。"你心里想着："不管坐在哪里，我还是我，适应新的环境是一种成长。"变化就像走进一间新的房间，刚开始会有些不习惯，但慢慢地，你会发现其中新的机会和乐趣。

【通关秘籍】

面对变化，感到慌乱怎么办？这些小秘籍可以帮到你哦！

● 我们要用积极的心态看待变化。变化是生活的一部分，不可避免。它就像天气一样，有时候晴空万里，有时候突然下雨。变化常常让人不安，但也带来新的机会和可能。你可以告诉自己："虽然现在有点紧张，但说不定会有意想不到的好事发生！"重要的是，适应变化不是一瞬间的事，而是一个慢慢调整的过程。

● 面对突然出现的变化，这里有三个小窍门分享给你：

1. 小步调整法：突然的变化可能难以适应，不妨将其拆解为小任务。比如换座位时，可以"先跟周围同学打招呼""看看新座位的风景""适应当天的安排"。一步步来，你会发现每个小步骤都没那么可怕，自己也能够轻松应对。

2. 想象未来法：面对变化感到紧张时，闭上眼睛，想象自己已经适应新环境。比如，想象自己与新同桌相处融洽。这样的"预演"能减少对变化的陌生感和恐惧。

3. 打破"最坏设想"：面对变化时，常会想到最糟糕的场景，试着用理性打破这些担忧。真的会如此糟糕吗？告诉自己："即便有困难，我也能通过自己的努力解决它。"

【作者有话说】

法国文学巨匠罗曼·罗兰说过："世界上只有一种真正的英雄主义，那就是在认清生活的真相后依然热爱生活。"变化就像一阵突如其来的风，常常让我们感到不安和无措。但正因为风的存在，我们才有机会展翅飞翔。成功应对每一次变化，我们也会变得更强大。记住，每一次的变化都是一个成长的契机，它会带来新的朋友，新的机会，甚至新的自我。

06 找到心中的"小平衡木"，提高钝感力

【情景再现】

在课堂上，老师让大家轮流发言，表达自己对于课文的看法。轮到你时，你有些紧张，说话的时候也一直在发抖。老师并没有批评你，同学们也没有特别在意，可你心里却久久不能平静，反复想着自己刚才的表现，觉得自己表现得太差了，一直到放学也开心不起来。你感到困惑："为什么有些同学犯了错之后很快就能忘掉，继续开心地玩耍，而我只要有一点没做好，就会一直放在心上？"

【内耗表现】

内心的声音总是提醒你："不要总是有那么多的情绪，不然会被别人看不起。"这些声音让你无法放松，总觉得自己应该变得更"坚强"。有时候，你觉得自己仿佛站在一条"情绪的平衡木"上，稍有风吹草动，自己就会失去平衡，跌落下来。别人的一次无心的玩笑，都会让你反复思索，难以释怀，而你不喜欢这样的自己，又不知道该如何改变。

【反内耗做法】

这一天，你学会了一个新的能力：拥有情绪钝感力——这是一种能够帮助我们不那么容易被情绪牵着走的能力。当你觉得自己对某件事特别敏感时，问问自己："我能不能换个角度来看待这件事？"比如，

你记得前几天和小伙伴玩游戏输了。以前，你可能会因为输了比赛而感到非常沮丧。但这一次，你尝试告诉自己："输了没关系，这只是游戏。"你不再沉溺于失败的情绪里，而是选择享受和小伙伴们的快乐时光。

【通关秘籍】

掌握这几个小秘籍，帮助你提升情绪钝感力，让你在各种情绪中稳如泰山！

● 让我们再深入理解一下钝感力的作用。钝感力就像给自己装上了一个过滤器，它能帮助你在面对情绪波动时，不被过度影响，例如：你穿了一双新鞋去学校，结果有一个同学一直说你的鞋子不好看。这时，我们就可以发挥钝感力，告诉自己："没关系，每个人都有自己的看法，我喜欢我的鞋子就好。"

● 如何在情绪的"平衡木"上稳稳前行，以下几个小技巧可以帮助你：

1. 钝感力不是冷漠：学会让自己不要过分纠结于某些细节或情绪，并不是让你变得不关注自己的情绪。比如，当你因为考试成绩不理想而感到沮丧时，提醒自己这是暂时的，下次努力就会考得更好。

2. 给情绪留够"休息"时间：你感到难过或失落时，不要急于让自己马上"好起来"。有时候，我们需要时间去消化这些情绪，允许自己暂时感到难过也是钝感力的一部分。

3. 不要让别人的评价左右你：在生活中，我们难免会遇到别人不友善的评价，钝感力可以帮助你不再被这些外界的声音所左右，而是专注于自己的内心感受，更加自在地做自己。

【作者有话说】

心理学大师卡尔·罗杰斯说过："当我以接纳的心态聆听自己时，当我能够成为我自己时，我感觉自己会更有效力。"钝感力帮助我们在情绪的起伏中找到平衡，不再因为一时的失败或挫折而一蹶不振。通过提高钝感力，你可以变得更加坚强和自信。生活就像一场长跑，有时你会遇到阻碍，但只要学会在情绪的波动中保持平稳，你就能走得更远、更从容。

第三章　总是讨好别人的我

01 为什么我总是想讨好别人

【情景再现】

　　今天的美术课上，老师让大家自由创作一幅画。你原本想画一只小鸟，但你看到邻桌的同学画了一棵大树，并得到了很多表扬。于是，你把手中的画纸翻过来，开始画和他一样的大树，心里想着："这样别人也会夸奖我吧。"上课结束后，你的画确实得到了大家的表扬，可是你却一点也不开心。相反，你觉得内心空落落的，好像失去了什么。你想着："为什么我总是在迎合别人，不敢表达自己的想法？"

【内耗表现】

　　有时候，你会觉得自己很不开心，总是想："为什么我总是那么在意别人的看法？是不是我太胆小了？"每次当你想说出自己的真实想法时，脑海里就会冒出一个声音："要是他们不喜欢我怎么办？要是大家忽略我呢？"这些想法让你越来越害怕说出自己的心里话。你发现，自己经常在别人面前装出另一副样子，只为了让他们喜欢你。

【反内耗做法】

　　这一次，你停下来，对自己说："我不需要每次都讨好别人，做真实的自己更好。"你开始意识到，讨好别人只是因为你希望大家喜欢你，但这并不意味着你要放弃自己的感受。你试着问自己："如果我勇敢表达真实想法，最糟糕的结果会是什么呢？"你会发现，即使别人不完全同意你的意见，也不会因此影响他们对你的喜爱。你可以在朋友面前真实地表达自己，原来，做真实的自己比讨好别人更让你感到自在和轻松。

【通关秘籍】

掌握以下小技巧，帮助你摆脱总是讨好别人的习惯，找到属于自己的自信与力量！

● 有时候，我们想讨好别人，是因为我们怕得罪对方，彼此争吵，更因为我们希望别人喜欢自己。所以在做决定时，总是听从他人的想法，不愿表达自己真实的想法。这时候，请你告诉自己："如果我不想这样做，那我就应该说出自己真实的想法。"学会尊重自己，这不仅能让你感觉更好，也能让你更真实地做自己。

● 如何在被人喜欢与做自己之间找到平衡，以下几个小技巧可以帮助你：

　　1. 学会分辨自己的感受：当你发现自己总是在迎合别人时，停下来，问问自己："这是我真正想要的吗？"学会分辨自己内心的真实感受，才能更好地表达自己。

　　2. 分辨别人真正的需求：有些时候，你以为大家都希望你去迎合他们的想法，但其实并不是这样。你可以试着问朋友们："你们真的希望我这样做吗？还是只是一个提议？"通过沟通，你会发现真朋友最希望看到的是你能够表达真实的想法。

　　3. 接受不完美的自己：讨好别人的背后，常常是因为你觉得自己不够好，不想让别人失望。事实上，每个人都会有不足，没有必要只允许自己表现得完美无缺。

【作者有话说】

　　心理学家阿德勒曾说过："你无须活在别人的期待中，真正的自由来自做回自己。"

　　生活就像一面镜子，如果你总是在迎合别人，镜中的你自己就会变得模糊不清。试着学会在照顾别人情绪的同时，也不要忘记倾听自己内心的声音。生活不是为他人而活，而是为你自己找到真正的平衡。当你敢于表达自己的需求，你就会发现自己会活得更加轻松自在。

O2 拒绝别人会不会让人讨厌我

【情景再现】

今天，你刚走进教室，同学小李就立刻朝你挥了挥手，笑着说："你能把作业借给我抄一下吗？我昨天忘了做。"你看着他的笑脸，本想拒绝，但又害怕如果真的拒绝他，他会生气，甚至以后不理你了。于是，你点点头，勉强答应了，但心里却感觉很不舒服。你回想起来，自己经常因为别人提出请求而做自己并不愿意做的事情，只是为了让别人喜欢你。你总是担心，如果拒绝了，他们不再把你当朋友。

【内耗表现】

你发现自己总是为了讨好别人，答应一些让你觉得不舒服的请求。你总是想着："如果我拒绝了，他们会不会觉得我不好？会不会就不和我玩了？"这些担心让你无法自在地表达自己的想法。你开始感到很累，每次不情愿地答应别人的请求后，自己都会感到委屈和无助。你害怕说出"不要"会让你失去朋友，因此宁愿自己承受所有的压力，也不敢拒绝。

【反内耗做法】

你决定换一种方式解决问题。你对自己说道："拒绝别人不代表我不好。"你逐渐意识到，帮助朋友是好事，但并不意味着你要为别人做任何事。试着告诉自己："我有权利拒绝那些让我不舒服的请求。"
你发现，如果朋友真的在意你、关心你，他们不会因为一次拒绝就不
再喜欢你。相反，明确表达自己的想法可以让关系更加健康，也可以
让朋友更加了解你，因为你不仅在照顾别人的感受，也在尊重自己的
需求和情绪。

【通关秘籍】

　　掌握这些小秘籍，学会拒绝，成为更好的自己！

　●　有时候，我们会觉得拒绝别人是一件很难的事，尤其是当你非
常在意别人的看法时，总会担心"他们会不会因为我的拒绝而不喜欢
我了？"其实，真正的朋友会尊重你的选择，不会因为你拒绝了某个
请求就对你失望。要记住，每个人都有自己的界限，尊重自己的感受，
是一种重要的成长。拒绝，是你爱护自己，保护自己内心的一种力量。

● 试试这些小技巧，帮助你更好地学会拒绝别人并保护自己的界限：

1. 仔细思考再决定：当别人请求你帮忙时，不要立刻回答，给自己三秒钟的时间思考一下。你可以默数到三，想一想"我真的愿意做这件事吗？"如果答案是"不"，那你就可以坚定地拒绝。

2. 不要过度解释：当你想拒绝别人的要求时，你不需要详细解释为什么不能答应别人。简单的理由已经足够，比如"我有别的计划。"过多的解释反而会让你感觉更紧张。

3. 自我优先提醒法：时常提醒自己"我的时间和精力也是有限的，我需要先完成自己的事情。"通过给自己这种积极的自我提醒，你会更容易在面对他人的请求时保持冷静，勇敢说出自己的真实想法。

【作者有话说】

真正的自由，来自勇敢地做自己，而不是一味地取悦他人。我们每个人都有自己的节奏和需要，学会拒绝那些让自己不舒服的请求，是保护自己心情的一种方式。记住，朋友之间的关系并不应该建立在无条件的迎合和讨好上，而是真实地交流和相互理解。当你学会勇敢地拒绝他人时，你会发现自己的生活会更加轻松，也会找到那些真正尊重你、理解你的人。

03 同学们总是让我干活，我该怎么拒绝

【情景再现】

今天上科学课时，老师让大家分组做实验。组里的同学们开始讨论谁负责什么，但很快大家就慢慢把所有的活都推给了你："你帮忙整理材料吧！""你负责做记录吧！"虽然你想说"要做的事情太多了，我忙不过来了。"但你看到大家都在看着你，心里有些紧张，最后还是默默地接受了任务。每次遇到这种情况，你都会在心里想："为什么不找别人，为什么总是我做这些事情呢？"

【内耗表现】

每次当同学们提出让你帮忙时，明明你自己已经很忙了，但还是无法拒绝他人，总是说："好吧，我来吧。"你害怕如果拒绝了，同学们会觉得你不够友好。你内心的小声音就开始打鼓："如果我拒绝了，他们会不会觉得我很自私？以后就不理我了？"你发现自己越来越累，不仅没有时间做自己的事情，内心的不满和委屈也在不断堆积。

【反内耗做法】

这一次，你决定换一种方式处理。当同学再次要求你做额外的事情时，你停下来，轻轻对自己说："我可以拒绝，也不会因此失去朋友。"你开始意识到，合理地说"不"并不会让别人讨厌你，反而是对自己

的尊重。你尝试对同学们说："这次我有其他事情要做，可能没办法帮你们了。"虽然刚开始时，你有点担心对方的反应，但你会发现，大家其实并没有太多不满，拒绝其实没有想象中那么难。

【通关秘籍】

掌握这些小秘籍，让你在面对同学的要求时游刃有余！

● 我们要知道设立界限、勇敢说"不"的重要性。比如，有的同学总是让你帮他做值日，这时你可以学会设立界限，告诉自己："每个人都有自己需要完成的事情，我要认真完成自己的任务，别人也同样应该完成他自己的任务。"设立界限，可以帮助你在面对别人的要求时保持自己的节奏。这样，你就不会因为总是迎合别人而感到委屈心累了。

● 如何在生活中自信地设立界限，以下小技巧可以帮助你：

1. 照顾好自己的需求：了解什么事情对自己来说更重要，就能判断出是否该接受别人的请求。比如，最近你正在准备期末考试，同学却请你帮他们完成手工作品。这时候，你可以告诉自己："我现在需要专心复习，这对我来说更重要。"

2. 学会温柔但坚定地拒绝：当你觉得不愿意做某件事时，可以用温和的语气说出自己的真实想法。比如，你可以说："很抱歉，我现在真的很忙，不能帮你完成这个任务，但我相信你一定能做到。"

3. 慢慢考虑再做决定：面对别人的要求时，你可以告诉别人"让我想一想，稍后再给你答复。"给自己足够的时间来考虑是否愿意接受请求。

【作者有话说】

学会尊重自己的感受，设立适当的界限，就像给自己一把保护伞。生活中，不是每一次都需要说"是"，有时适当的拒绝也是对自己的一种善待。通过理解自己真正的需求和感受，你可以更好地表达自己的想法，找到自信的声音。学会温柔但坚定地说"不"，不仅能保护自己的时间和精力，也能让你在生活的舞台上更加真实、更加自信。

04 面对家人，我总是想让他们满意

【情景再现】

放学回家，你兴奋地把考卷递给妈妈："我考了95分！"妈妈笑着说："不错，但再认真点，可能就能拿100分了。"妈妈的话让你高兴不起来，开始反复想着错题，心里想："如果再努力一点，妈妈会更满意吧。"周末，家人陪你买衣服，你想要蓝色T恤，但爸爸觉得黑色更好看。看到爸爸期待的眼神，你只能点头，选了黑色。面对家人的期望，你总是尽力满足，即使心里有不同想法。

【内耗表现】

每当家人对你提出要求或期望时，你都会担心如果不能让他们满意，他们会失望或难过，只要听到一点点建议或批评都会让你怀疑自己是不是不够好。为了不让他们担心，你常常压抑自己的想法，迎合他们的期待。无论是学习、爱好还是生活，你总希望做到最好。但这让你感到疲惫，有时甚至觉得自己不再是为了自己努力，而是为了让家人高兴。

【反内耗做法】

当家人再次对你提出期望时，你决定尝试一种新的思考方式。你开始意识到，家人之所以对你有期望，是因为他们关心你，希望你能越来越好，但这并不意味着你要完美无瑕。下一次，当妈妈对你的成绩发表意见时，你可以试着说："妈妈，我也很努力了，虽然这次没考100分，但我还是很开心自己进步了。"你会惊喜地发现，家人其实并不要求你事事都完美，他们更在意的是你是否感到快乐和自信。

【通关秘籍】

掌握这些小秘籍，让你在面对家人的期待时，既能关心他们，也能保持自我！

● 首先，我们要理解为什么你总是想让家人开心，其实是因为你很爱他们，不想让他们失望。其次，当你发现家人的期望和你自己想做的事情不太一样时，试着和他们说出你的感受，告诉他们你心里的想法和未来的计划。这样，你就可以更好地找到一个让家人满意，同时也让自己快乐的平衡点！

● 如何在家人的期待和自己的感受之间找到平衡，试试以下这些小技巧：

　　1. 明确自己的目标：有时我们容易被家人的期望左右，忽略了自己的需求。问问自己："我真正想要的是什么？"明确目标后，与家人沟通，让他们了解你的追求，从而更自信地坚持选择。

　　2. 家人的期待和爱是分开的：请相信，即使你没有完全达到家人的期望，他们依然爱你。告诉自己："家人的爱不取决于我的成绩或表现，我值得被爱。"

　　3. 勇敢表达真实感受：有时候，家人可能并不知道你的想法。如果你觉得某件事让你压力很大，可以用平和的语气告诉他们："我很理解你们的关心，但我现在需要一些时间来完成我自己的计划。"

【作者有话说】

　　面对家人的期望时，学会倾听自己的内心也十分重要。我们要知道，并不是所有的要求都需要迎合，有时合理的拒绝反而能让你与家人建立更真实的关系。生活中，找到你与家人沟通的平衡点，就像调试乐器一样，让每个音符都和谐共鸣。通过表达真实的自己，你不仅在照顾自己的身心健康，也在为家人提供一个更强大的、真实的你。

05 被误解了，心里好难受，我该怎么办

【情景再现】

那天在班级的小组讨论中，你提出了自己的见解，满怀期待地希望同学们会认同。然而，话音刚落，立刻有同学表示反对："你是不是理解错了？这根本不对！"你感到有些无措，心里一阵委屈。明明你认真思考过这些观点，为什么大家都误解了你呢？你试图再解释，但他们似乎不感兴趣，转移话题讨论别的了。"我明明没有错，为什么没人愿意听我解释？"这种误解让你感到深深的无力与沮丧。

【内耗表现】

被误解的痛苦像一块沉重的石头压在你的心头，久久挥之不去。你反复回忆当时的情景，思考自己是否在表达上出了问题，甚至怀疑自己的能力。你一遍又一遍地想："为什么他们都不理解我？难道真的是我错了吗？"这种内心的质疑不断侵蚀你的自信心，让你感到孤独与无助。你甚至害怕再次参与讨论，担心自己会再一次被误解。

【反内耗做法】

面对误解，最重要的是保持冷静和自信。首先要理解，误解是人与人之间沟通中的常见现象，很多时候是因为彼此的立场、经历和理解方式不同。被误解，并不意味着你错了。告诉自己："我的想法是

有价值的，即使别人不理解，也不代表我说的是错的。"保持冷静，自信、大方地向大家解释清楚自己的想法，如果对方仍然不理解，也不必因此自责。我们要信任自己的想法，认可自己比外界的认同更重要。

【通关秘籍】

掌握这些小秘籍，你在面对误解时，既能舒缓心情，也能改善沟通！

● 我们要明白，当你感到被误解时，那种难受的感觉其实源于你希望被理解和认可。误解的产生，很可能是因为对方不了解你的真实想法才导致了误解。其次，试着冷静下来，用心表达你的感受，向对方耐心、友好的说明自己真实的想法，这样你就能更好地化解误会，让彼此的关系更加融洽！

● 如何在面对误解时保持冷静，试试以下小技巧：

1. 确认误解的来源：当你感到被误解时，先问自己"对方是否知道我的真实感受？"试着明确误解的关键点，再通过对话阐明彼此的看法。

2. 学会冷静、平和地表达感受：面对误解时，最好的办法就是坦诚表达你的想法。选择合适的时机，用温和的语气告诉对方："我感觉我们之间有些误解，我想和你解释一下我的真实想法。"这样可以缓解双方的紧张感，也能让误解得到更快的解决。

3. 换位思考，理解对方立场：试着站在对方的角度想一想，为什么他会那样看待你。这不仅有助于你更好地表达自己，也能让对方感受到你的理解，从而更愿意聆听你的观点。

【作者有话说】

生活中，我们每个人都会被误解，这并非我们自身的问题，而是人与人之间沟通差异的结果。重要的是，如何在误解中保持自我。误解并不代表你做错了，它只是一时的偏差。许多人往往不停澄清、解释，希望得到他人的理解，但事实是，我们并不能控制别人对我们的看法。与其追求别人的认同，不如学会接纳自己内心的声音，给予自己肯定。

06 学会说"不"，拒绝也是爱自己

【情景再现】

周五放学后，好友邀请你周末一起去游乐场玩，但你已经答应了家人，要在家复习准备下周的重要考试。你很想说"不"，但你害怕朋友们觉得你不合群。于是，你就勉强答应了。到了游乐场，你心里还一直挂念着没复习完的知识，根本无法真正享受这个周末。回到家后，你发现复习时间不够，心里顿时充满了压力和焦虑。

【内耗表现】

你觉得自己总是顾虑别人，不敢拒绝任何请求，因为你害怕被孤立，害怕别人对你失望。可是，每当你为了满足别人的要求，而忽略自己的感受时，都会感到更加焦虑和疲惫。你一边忍受着自己没能坚持的后果，一边又在心里反复责备自己："为什么我总是不能说'不'？"你对自己产生了更多的怀疑和不满，陷入了难以摆脱的负面情绪中。

【反内耗做法】

学会说"不"，是爱护自己的重要一步。首先，要明白拒绝并不是自私的表现，而是设定健康界限的一种方式。拒绝并不意味着你不关心他人，而是你在尊重自己的需求与计划。其次，你可以温和而坚定地表达："我很想和你们一起去，但我已经有其他安排了。"如果答应别人完成某件事情，会让你感到不安或违背了你的计划，那么勇敢拒绝是保护自己最好的方式。

【通关秘籍】

掌握这些小秘籍，让你在面对请求时，既能关爱他人，也能善待自己！

● 我们要清楚，之所以你常常难以拒绝别人，其实是因为你在乎你的朋友们，不想让他们失望或伤心。但请你知道，懂得拒绝是一种对自己负责的表现。当你发现别人的要求与你的想法或意愿不一致时，学会说"不"是对自己身心的尊重。拒绝不意味着冷漠，而是在维护自我界限的同时，保持对他人的真诚与关心。

● 如何在关心他人的同时保护好自己，试试以下小技巧：

1. 确认自己的界限：每个人都有自己的底线和界限，明确它们能够帮助你更清楚地知道什么时候应该说"不"。问问自己："这件事对我来说是否合理？我真的愿意接受吗？"当你清楚自己的界限时，拒绝就会变得更自然。

2. 拒绝与关心可以并存：拒绝并不代表不在乎他人，而是表明你对自己的尊重。告诉自己："我可以关心对方，但我不需要为了满足别人而牺牲自己。"

3. 设立替代方案：如果觉得直接拒绝难以开口，试着为对方提供一个新的解决方法。例如："我不能帮你完成这件事，但我可以提供一些建议。"这样，既拒绝了不合理的请求，又展现了你愿意帮助的态度。

【作者有话说】

学会说"不"，不仅仅是对他人的一种回应，更是对自己的一种尊重。当我们一次次勉强自己去接受别人的要求，却忽略了自己的需求时，自尊心会逐渐被削弱。每个人的时间和精力都是有限的，说"不"意味着你在为自己争取更多时间去做真正重要的事情。不要害怕因为拒绝而失去友谊，真正的朋友会理解与尊重你的选择。

第四章　社交恐惧的小克星

01 在课堂上发言时，我总是很紧张，该怎么办

【情景再现】

数学课上，老师提出了一个问题让大家举手回答，你在脑海中迅速整理好了发言内容。但当老师的目光扫向你时，你的心跳突然加快，手心开始冒汗，紧张感如潮水般涌来。最终，老师叫了另一位同学回答问题，你长舒了一口气，但内心却充满了懊悔和自责。明明自己知道答案，却因为紧张错过了表现的机会。课后你反复思索："我能答对这些题，但我为什么总是那么害怕发言呢？"

【内耗表现】

每次因为紧张而错过在课堂上发言的机会后，你都会陷入自我怀疑和内耗的怪圈。你开始责备自己："为什么我不能像其他同学那样轻松地回答问题？"可当下一次老师提问时，你发现自己还是十分紧张。你害怕成为全班的焦点，更害怕自己说错话，成为大家的笑柄。只要一遇到课堂发言，你的内心就感到十分矛盾、进退两难。

【反内耗做法】

当老师再次提问时，你坚定地在心中告诉自己："很多人都会在发言时感到紧张，但这并不会影响我对问题的理解，集中注意力，我可以把自己的想法完整地回答出来。"紧张是一种正常的情绪反应，

它并不意味着你不够好或不够聪明。在发言时，我们要将所有的注意力都放在回答问题这件事上，而不是时刻注意同学们的反应。保持平常心，用从容的心态表达自己的想法，你会发现自己能够轻松应对课堂发言。

【通关秘籍】

掌握这些小秘籍，让你在课堂上轻松自如地表达自己，摆脱紧张感！

● 我们要理解，你在课堂上发言时感到紧张，是因为你很在意自己的表现，希望获得老师和同学的认可。这种在乎源自你对学习和交流的重视，而不是你不擅长发言。面对这种情况，不妨尝试放松心态，把发言看作一次和大家分享观点的机会，用积极的心态面对，你的紧张感就会减轻许多。

● 如何在课堂上自信发言，试试以下小技巧：

1. 专注发言的内容：当你发言时，试着把注意力放在你要表达的内容上，而不是担心别人会如何看你。告诉自己："我的观点是有价值的，我的任务是分享它们。"这样，你的紧张感会减弱，表达也会更加流畅。

2. 从简短的发言开始：如果你对发言感到特别紧张，可以从简单的回答或短时间发言开始，逐渐建立自信。每次发言后，你都会发现自己其实可以应对得很好，久而久之，你就可以完成更长的发言了。

3. 循序渐进，逐步积累经验：如果在全班面前发言让你感到紧张，先从小组讨论或与同学的交流开始。每一次成功的发言都会增强你的信心，慢慢地，你会变得越来越自信。

【作者有话说】

很多时候，发言紧张并不代表你缺乏能力，而是你还不习惯在众人面前表达自己。每一次发言都是一次进步的机会，而不是一场只许成功、不许失误的考试。你不需要完美无缺，也不需要担心别人的评价，发言的真正意义在于分享自己的思考与见解。学会欣赏自己，勇敢踏出一步，你会发现，每次发言后的自己都在不断成长、不断进步。

O2 面对新同学，我怎样才能主动打招呼

【情景再现】

新学期开始了，班里来了几位新同学。你注意到其中有一个人坐在教室的角落里，安静地整理书本。你很想认识新朋友，但你却不知道该如何主动与他打招呼。你站在原地，脑子里反复想着要说什么，是否应该微笑着走过去。但不管怎么想，最终你还是没敢迈出第一步。你担心如果自己主动打招呼，会不会显得太突然，或者对方不想理你。慢慢地，这种犹豫让你越来越紧张，错过了和新同学交朋友的好机会。

【内耗表现】

你真的很想交新朋友，但每次想迈出第一步时，就会担心自己被拒绝，怕对方不喜欢你。每次没能成功打招呼时，你都会对自己失望："为什么我总是这么害羞？为什么别人都能轻松和新同学说话，而我却不敢？"你开始怀疑自己是不是不擅长交朋友，觉得自己可能永远打破不了这种害羞和紧张，你感觉自己很失败，什么都做不好。

【反内耗做法】

你试着换个角度想："也许打招呼没有我想得那么难。"新同学可能也觉得紧张，也在等着有人来和他说话。你可以试试说点简单的话，比如："你好，我是XX，你叫什么名字？"这样简单的问候既不会让

人觉得突然，还能让你们很快熟悉起来。再加上一个微笑和友好的态度，就能让气氛变得轻松起来。你会发现，打招呼其实没有那么可怕，交朋友也可以变得轻松有趣。

【通关秘籍】

掌握这些小秘籍，让你在与新同学相处时，既能自然开启话题，也能轻松建立友谊！

● 当我们面对新同学时，感到紧张是很正常的，因为我们对未知的情况总会有些担心，我们希望给对方留下好印象，又害怕自己表现得不够好。其实，向新朋友打招呼并不需要表现得十分完美，更重要的是表现出你的真诚和友好。勇敢迈出第一步吧！你会发现，开始对话后，气氛会比你想象得轻松很多，友谊也会在相处中很快建立起来。

● 如何自信地与新同学打招呼，试试以下小技巧：

1. 微笑开场法：面对新同学时，微笑是最好的破冰方式。微笑可以传达你的友善和开放态度，给对方一种亲近感。即使你暂时不敢开口，一个微笑也能让对方感到温暖，从而创造出一个轻松的交流氛围。

2. 寻找共同话题：关注你们之间可能共有的兴趣点，比如学校生活、共同的课程或老师。你可以问问对方对新环境的感受，或者聊聊最近的作业。通过寻找共同点，能让你们的对话变得更自然顺畅。

3. 主动提供帮助：如果你看到新同学在适应环境时遇到困难，比如找不到教室或不熟悉校规，不妨主动提供帮助。这不仅是一个展示善意的机会，也能帮助你和对方快速熟悉起来。

【作者有话说】

"人与人之间的距离，往往只需要一个微笑或一句问候就能够缩短。"面对新同学时，我们的紧张和犹豫往往源于对被拒绝的恐惧。事实上，许多时候，对方也同样渴望被认识和接纳，等待着你主动打破沉默。迈出第一步并不需要太多复杂的准备，一个简单的问候、一句轻松的开场白，往往就能开启一段友谊。勇敢地尝试，你会发现，自己比想象中更具有社交的勇气和魅力。

03 被朋友误会了，我该如何澄清

【情景再现】

星期六，你和好朋友约好去公园玩，但家里突然有急事，你不得不取消约会。你发了消息解释情况，但对方没有回复。第二天在学校见面时，你主动打招呼，却发现他的态度变得冷淡。后来听同学说，他认为你故意放他鸽子，心里很不高兴。你感到委屈，因为你确实有急事，不是故意爽约。你想解释，却怕他觉得你在找借口。看着朋友越来越疏远，你心中十分难受，不知道该如何修复这段友谊。

【内耗表现】

被朋友误会的感觉让你很不安，也有点焦虑。你一直想着那天的事，开始怀疑自己："是不是我做错了？为什么没早点解释清楚呢？我是不是不够重视这段友谊？"这些自责让你觉得很累，心里好像堵着什么。每次见到朋友时，你想跟他解释清楚，但又担心他不想听。内心的压力越来越大，却一直没找到合适的机会把误会说清楚。

【反内耗做法】

面对朋友的误会，最重要的是要及时、真诚地沟通，不要让误会影响两个人的友谊。你可以试着主动找他聊聊，问问他："我注意到你最近有些不开心，是不是那天的事让你不高兴了？"然后告诉他实情，解释你那天真的有急事，取消约会并不是故意的。最后，你可以说："我理解你的不高兴，也很抱歉让你难过，希望你能相信我的解释。"通过真诚的沟通，大部分误会都会消除，友谊反而会变得更牢固。

【通关秘籍】

掌握这些小秘籍，让你在面对朋友的误会时，既能清楚地表达自己，也能保护好友谊！

● 朋友之间出现误会，大多是因为大家没有及时沟通，或者对方没有完全理解你的意思。误会并不意味着朋友不信任你或不喜欢你，只是他可能不清楚发生了什么。当你发现朋友对你有了误会，请先冷静下来，然后，主动去解决这个问题，和朋友好好聊一聊，让你们的友情像小树一样继续茁壮成长！

● 如何有效地澄清误会，试试以下小技巧：

1. 选择合适的时机：我们不要在自己或对方很生气或很难过时急着沟通，而是要等两个人都冷静下来后，再找一个安静的地方，进行面对面的沟通。

2. 真诚道歉法：即便误会的原因并不都是你的错，你仍然可以对朋友的难过表达歉意。比如，你可以说："我很抱歉那天没去让你难过了。"道歉并不意味着你承担全部责任，而是表达你对对方的理解和关心。道歉有时是一种化解误会的桥梁。

3. 关注对方感受法：除了解释自己的处境，也要关注朋友的感受。你可以询问他："你当时是不是特别失望？"通过关注他的情绪，让对方知道他的感受对你很重要，能够帮助误会尽快消除。

【作者有话说】

人际关系中的误会是再正常不过的事情，真正考验我们的是如何面对误会、如何用积极的态度去解决误会。"理解是通向心灵的钥匙。"朋友之间的误会，往往是因为沟通不及时所导致的，而化解误会的关键，在于真诚的沟通和彼此的理解。每一段友谊都不可能一帆风顺，误会并不可怕，只要你愿意用心去面对、去解释，它反而会成为加强彼此关系的机会。

O4 见到陌生人，我感到很害羞

【情景再现】

周末，你跟着家人去参加一个聚会，那里有很多你不认识的人。你跟着爸爸妈妈走进屋子，所有的陌生面孔都让你感到非常紧张。尽管父母介绍你给在场的叔叔阿姨认识，你还是不知道该说什么，只能默默地点头微笑。每当有人跟你打招呼时，你总是迅速回应一句，然后低下头，避免与他们进行眼神接触，你觉得很害羞，不敢主动交流。你感觉自己和这场聚会格格不入，更不知道该如何参与到其他人的交谈中去。

【内耗表现】

在与陌生人相处时，你总是感到非常不自在，害怕自己会表现得不好，或者说错话。你反复在脑海里演练该怎么回答别人的问题，但真正面对时，却总是手足无措。每次回顾聚会上的情景，你都会责怪自己："为什么我总是这么害羞？为什么别人能够自然交谈，而我却什么都说不出来？"你希望自己能够更自然、更自信，但却不知道该如何改变自己。

【反内耗做法】

你在心中为自己不断打气，告诉自己："感到害羞很正常，很多人都会有这样的感觉，接受自己的害羞是克服它的第一步。"我们可以尝试一步步地走出自己的舒适区，在真实的社交体验中提高自己的社交水平。可以从简单的问候开始，例如对陌生的长辈主动说："您好"。不要给自己设定过高的目标，社交不必完美，每一次尝试都是一种进步。你可以慢慢来，在自己不断地尝试中，逐渐积累社交的自信。

【通关秘籍】

掌握这些小秘籍，让你在面对陌生人时不再害羞，变得更加自信！

● 害羞是一种自然的情绪反应。面对新环境和陌生人时，感到不确定和紧张是很正常的。这种不安并不意味着你不擅长社交，反而表明你在意人际关系，并希望建立良好的联系。接受自己的害羞，你会发现，与陌生人交流不仅是克服紧张的过程，更是拓宽视野、提升社交能力的好机会。

● 如何克服见到陌生人时的害羞，可以试试以下小技巧：

1. 先听后说：当你和陌生人说话时，不用急着抢话哦！可以先用心听听对方在说什么，在对方说话时用点头或微笑回应他，表示你在认真听，让大家的聊天变得更轻松顺利。

2. 利用开放式问题：如果不知道怎么开始聊，可以问一些简单有趣的问题，比如："你最喜欢的书是什么？"或者"你今天玩得开心吗？"这样的问题不只是"是"或"不是"的回答，能让你们聊得更久、更有趣。

3. 当对方说了什么有意思的话，记得及时夸夸他们："哇！你讲得这个真有意思！"或者"你好厉害啊！"这样对方会觉得你喜欢和他们聊天，愿意和你继续聊下去。

【作者有话说】

"人与人之间的距离源自我们内心的障碍，而非外在的现实。"害羞并不意味着你无法与他人建立联系，而是我们每个人都会对未知的人、事物、环境产生一些害怕的情绪，但这并不意味着你不能克服这些情绪。通过小小的尝试和不断的练习，你会逐渐告别自己内心的害羞，会发现自己拥有了更多的勇气与力量，能够去拥抱更多的可能性和新的关系。

05 练习社交，在游戏中学会互动

【情景再现】

今天下课后，几个同学邀请你一起玩"捉迷藏"游戏。你原本很想加入他们，但一想到要和大家互动，心里就开始紧张。你站在一旁，看着同学们开心地笑着、玩着，心里默默纠结着："如果我找不到人，他们会不会觉得我笨？"这些想法像一团乱麻，缠住了你的脚步，最终你还是决定躲开，装作在看书。虽然你很想和大家一起玩，但每次社交的机会来临时，你总会害怕做不好，不敢迈出第一步。

【内耗表现】

你感觉到自己很害怕跟同伴们一起游戏或是社交，每次想参与集体活动时，心里都会冒出各种担忧："如果我表现不好怎么办？""大家会不会不喜欢我？"看到其他同学轻松自如地聊天、玩耍时，你会觉得自己好像缺乏某种与大家相处的能力。每当社交机会出现，你内心的恐惧就变得强烈，这让你更加紧张，不敢参与任何活动。

【反内耗做法】

你慢慢意识到，社交其实没有你想象得那么可怕。你可以从简单的互动开始尝试，比如，下次同学们在玩游戏时，先试着当旁观者，观察他们的互动方式，然后慢慢融入。当你准备好时，可以主动提出：

"我也想试试！"你会发现，大家并不会因为你表现得不好而疏远你，反而会欢迎你的加入。小步尝试会让你逐渐找到自信，学会享受与他人互动的乐趣。最重要的是，你的努力和勇气都在为未来更轻松的社交打下基础。

【通关秘籍】

掌握这些小秘籍，让你在和同学们互动时更加轻松自然，逐渐享受社交的乐趣！

● 学会社交与学习任何一项新技能一样，社交是可以通过练习慢慢掌握的。为什么你在社交时会感到紧张呢？这是因为你很希望自己能够融入大家。但换个角度来看，这恰恰说明你对社交有兴趣，并且渴望与人交往。理解这一点后，你会发现自己已经具备了参与的动力，只需要一点点勇气，就能很快和大家打成一片了。

● 如何在社交中变得更加自在，试试以下小技巧：

1. 从简单的小游戏开始：如果一下子参加有很多人的活动让你觉得有点紧张，可以先玩一些简单的小游戏，比如"击鼓传花"或者"猜谜语"。这些游戏很轻松，不会让你觉得压力大，还能帮你慢慢融入大家，一步步习惯和更多人一起玩。

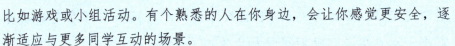

2. 游戏伙伴法：找一个你比较熟悉的朋友一起参与社交活动，比如游戏或小组活动。有个熟悉的人在你身边，会让你感觉更安全，逐渐适应与更多同学互动的场景。

3. 设定社交小目标：每次社交时，给自己设定一个简单的小目标，比如"今天我要和三个人说句话"或"我要主动加入一个游戏"。每次完成一个小目标，都会让你对社交更加自信，逐步克服不安感。

【作者有话说】

内向和外向只是我们面对世界的两种方式，重要的是找到属于自己的节奏。面对社交时，感到紧张和不安是正常的，尤其是当你觉得自己容易被别人注意到时，这种感觉会更强烈。但请记住，社交并不是一场比赛，大家也不会一直盯着你的一举一动。找到适合自己的社交方式，慢慢融入集体，你会在与他人的互动中发现社交的乐趣！

06 参加聚会时，我总是觉得不自在，怎么办

【情景再现】

你被邀请去参加朋友的生日聚会，一到现场，你发现有很多你不认识的小朋友。刚进门，你就感到有些紧张，看到大家开心地聊天和玩闹，而你却站在一旁，不知道该怎么加入。"他们会不会觉得我很无聊？会不会不喜欢和我玩？"你试着微笑，可是还是感觉不自在，甚至想早点离开。每当有人来找你说话时，你总是简单地回应几句，然后找个理由离开。聚会中，你一直感到很拘谨，心里想着什么时候可以回家。

【内耗表现】

每次参加聚会时，你都会感到不太舒服，心里充满了自我怀疑和不安。你不断思考自己在聚会中的表现，担心自己是不是显得太沉默、太无趣，或者在别人的眼中是个"格格不入"的人。聚会结束后，你会反复回忆那些对话，觉得自己做得不够好，甚至怀疑别人是否在背后评价你。这种难受让你对参加聚会感到越来越抗拒，你觉得自己根本不擅长社交。

【反内耗做法】

又一次接到聚会邀请时，你默默对自己说："我不需要融入每一

场对话，只要做我自己就好。"在聚会上，我们可以先找自己认识的小伙伴聊天，这样会让自己觉得更安心。你也可以留意一下，有没有哪个新朋友看起来跟你有共同兴趣，比如喜欢同样的游戏或玩具。试着跟他们聊一聊，可能会发现一些新的朋友。如果你还是感到很紧张，可以暂时离开热闹的地方，到一个安静的角落休息一下，深呼吸，调整心情。用自己喜欢的方式参加聚会，你会发现参加聚会其实没那么让人害怕。

【通关秘籍】

掌握这些小秘籍，让你在参加聚会时变得更加自在，享受其中的乐趣！

● 要理解为什么你在聚会时会感到不自在。其实，这种不安源自你在意他人的看法。你希望自己能被接纳，希望与大家融洽相处，而正是这种在意，带来了紧张感。但换个角度来看，这也是你渴望融入的表现。理解这一点后，你会发现自己其实有参与的动力，只是需要找到适合自己的节奏。

● 如何在聚会中逐渐放松和享受，试试以下小技巧：

1. 放下完美的期待：社交时不需要每次都表现得很完美。提醒自己："我不需要让所有人都喜欢我，只要尽量享受当下的时光就好。" 当你不再对自己要求苛刻时，反而更容易与他人自然地交流。

2. 主动开启对话：当你不知道该说什么时，可以从一些轻松的话题开始。例如，询问对方对这次聚会的感受。这样不仅能自然地展开对话，还能找到更多共同话题，让交流更加轻松愉快。

3. 找到一个舒适的"落脚点"：聚会中不一定只能融入大群体。如果你觉得太紧张，可以找一个你熟悉的朋友或小团体作为起点，再慢慢地参与到更大范围的社交中。

【作者有话说】

参加聚会时，如果你总是觉得不自在，其实是因为你很在意自己的表现，担心不能融入其中。告诉自己："我不需要着急融入大家，慢慢来就好。" 你可以从小事做起，比如向身边的人微笑或轻松地打个招呼。每一次尝试，都会让你感到更加轻松。聚会不是一场考验，而是一个让你享受时光、认识新朋友的机会。给自己一点时间，慢慢你会发现，原本的不自在已经悄然散去。

第五章　精神内耗的小秘密

01 为什么我总是想太多，累死人

【情景再现】

语文课上，老师让大家讨论刚读完的故事。你特别喜欢这个故事，所以很自信地分享了自己的想法。可是，讲完后教室里突然安静了，没有人马上回应你。你开始紧张，想着："是不是我讲得很奇怪？"放学后，这件事一直在你脑子里转，担心同学们是不是在心里笑话你。第二天，同学们对你还跟之前一样，好像什么都没发生，但你还是忍不住反复想着昨天的讨论，不知道自己是不是想多了。

【内耗表现】

你经常为了一些小事情反复思考。有时候，一件小事、一句话，甚至只是一个眼神，你都会在脑海里反复回忆和琢磨。你不知道对方是不是在说你坏话，或者是不是你做错了什么。每次这么一想，心里就会更加紧张和不安，好像越想越复杂，越想越难受。这种反复思考，不仅让你很累，还让你觉得自己总是在烦恼中。

【反内耗做法】

你下定决心改变自己，不让自己陷入这些没完没了的思考中。你试着对自己说："有时候想得太多，并不会真的改变什么。"你开始学着区分那些真正重要的事情和一些其实不用太过担心的小事。你告诉自己："这件事已经过去了，明天会是新的一天。"当你逐渐接受并不是什么事情都需要完美处理时，你会发现自己轻松了很多。慢慢地，放下那些无关紧要的担忧，把注意力放在今天的学习和开心的事情上。

【通关秘籍】

掌握这些小秘籍，让你轻松应对"想太多"的问题，减少精神内耗。

● 我们要知道，想得太多就像是给大脑装了一个"放大镜"，让本来不大的问题变得复杂。我们要学会分清什么事情真的重要，什么事情可以放一放。很多时候，那些让我们烦恼的事并没有想象中那么严重。生活中有很多美好的事情等待着我们去发现和享受，别让无休止的思考把它们挡住了。

● 停止过度思考的小窍门来了！试试这三个方法：

1. 问题"缩小镜"：当你觉得问题越来越大的时候，试着把它"缩小"。问问自己："这个问题在一周后、一年后还重要吗？"如果答案是"不重要"，那你就可以试着不再为它烦恼，别让它占据你太多的时间和精力。

2. 换个角度思考：如果你发现自己总是想一件事，试着问自己，"如果这件事发生在别人身上，我会怎么想？"这样换个角度看问题，你会发现事情其实没有你想得那么严重。

3. 马上行动法：如果有件事让你反复思考，不如立刻去做！告诉自己："我不再多想了，马上去做。"通过行动，你可以快速解决问题，不再让脑袋一直转个不停。

【作者有话说】

我们总是容易想得太多，因为老是想把每件事都做到最好。但其实，没有人能做到完美，生活里的很多事情也不需要我们花那么多时间去反复思考。下次当你发现自己又在不停地想很多事时，停下来问问自己："这件事真的有那么重要吗？"生活中有很多美好的瞬间，不要让无休止的想法拖累了你。试着放松一下，你会发现生活可以变得简单又开心！

02 总觉得自己不够好，怎么办

【情景再现】

体育课上，老师让大家比赛跳绳。你觉得自己平时跳得还不错，但轮到你上场时，你却突然觉得紧张。你跳得磕磕绊绊，同学们一个接一个轻松地完成，尤其是体育委员，跳得又快又好，大家都在为他鼓掌。你默默低下头，心想："他们都跳得比我好，为什么我总是差一点？"你开始觉得自己好像总是比不上别人，无论是体育还是其他事情，总有一种自己不够好的感觉，越来越失去信心。

【内耗表现】

每当看到别人表现得比你好时，你就会怀疑自己。不管是在学习、运动还是生活中，你总觉得自己做得没有别人好。这种感觉一直在你脑子里打转，让你开始对自己失望。就算偶尔表现得不错，你也会想："这次只是运气好，下次我肯定还是不行。"这些念头让你感到很累，总觉得自己哪里都不够好，总是在和别人比较，却忘了自己的努力和进步。

【反内耗做法】

你决定用一种新的方式来看待自己，你对自己说："每个人都有自己擅长和不擅长的地方，我也有我的优点。"于是，你开始专注于自己的进步，而不是总是盯着别人的表现。下次你在跳绳时，你对自己说："我跳得越来越好，每次都在进步。"你开始享受自己努力练习的过程，而不是总关注别人跳得多好。渐渐地，你发现自己对很多事情变得更有信心了。最重要的是，你学会了接纳自己，不再总是和别人比较。

【通关秘籍】

　　掌握这些小秘籍，学会如何减少精神内耗，让自己变得更轻松！

　　● 有时候，我们总是盯着别人的优点，就会开始觉得自己不够好。但其实，每个人都有自己的亮点。世界上没有完全一样的两片树叶，也没有完全相同的两个人。你不需要和别人一样，只需要做好自己，看到自己努力的过程。只要你尽力了，那就是值得骄傲的事。别人怎么想并不重要，重要的是做好自己、不断前行。

● 试试这些小窍门，帮助你轻松放下内心的负担：

1. 发现闪光点：当你觉得自己不够好时，试着找出几件你做得很棒的事情，比如"我会游泳""我乐于助人"或者"我能把自己的房间整理干净"。你会看到，自己其实有很多值得骄傲的地方！

2. 小进步，大惊喜：关注自己每一天的进步，不用着急一下子就成功。比如"今天我跳绳比昨天多跳了5下"或者"今天我作业写得更认真了。"慢慢来，小进步也会变成大成就。这样你会发现，每一天你都在变得更棒！

3. 我是我自己的小冠军：每次发现自己又在和别人比较时，提醒自己，"我有我的节奏，别人有他们的节奏。"只要专注于自己的努力，你会发现，自己其实真得很棒！

【作者有话说】

我们每个人都有自己的特别之处，可能是擅长运动，可能是特别会帮助别人，或者笑容特别阳光。很多时候，我们太关注别人的优点，忘记了自己也有很多亮点。请相信："你不需要成为别人，只需要努力成为最好的自己。"每个人的成长之路都不一样，你只需要做好自己，专注做自己想做的事情，你会发现自己的优点如星星一样，闪闪发光。

03 考试前总是紧张，怎么放松

【情景再现】

明天就是数学考试了，你一整天都坐不住。虽然平时你复习得很认真，但越接近考试，你就越紧张。晚上，你坐在桌前准备再复习一遍，可书本上的字都变得模糊了，因为你脑子里全是"万一我考不好怎么办？"你躺在床上辗转反侧，脑子里一遍遍想着考试的场景：考卷上的题目全是自己不会的，老师生气，成绩单上全是红叉叉。尽管你努力让自己放松，但怎么也无法平静下来，越想越害怕。

【内耗表现】

每次考试前，你都会因为紧张而感到很焦虑。即使你已经很认真复习过了，但心里还是忍不住担心："如果我忘记了重要的内容怎么办？如果我在考场上大脑一片空白怎么办？"这些担心让你一直无法专心复习，甚至让你开始怀疑自己是不是根本没有能力应对考试。你感觉自己好像背着一大包袱，喘不过气来，越接近考试，心情就越糟糕。

【反内耗做法】

你逐渐明白，考试只是一个看看你学得怎么样的机会，并不会决定一切。你开始对自己说："考试是展示我学习成果的机会，而不是考验我所有能力的时刻。"你学会了更加专注于每次学习的过程，而不是一味担心结果。这种想法让你在面对考试时不再感到那么紧张，你开始更有信心去面对每一次挑战，并且不会再因为一些不会的题目而过度担心。你知道，考试只是你成长中的一小部分，重要的是在平常的每一天里都认真学习。

【通关秘籍】

掌握这些小秘籍，学会将考试前的紧张化作力量，轻松应对！

● 我们要知道，考试前的紧张是非常正常的。就像要登上一座山峰时，心里总会有点小紧张，这是因为我们都希望自己能有好的表现。紧张其实是一种提醒，告诉我们这件事很重要。不过，过度的紧张反而会让你失去平常的冷静。学会在重视考试和放松心情中找到一个平衡点，就能在考试中发挥出更好的水平。

● 这里有三个小窍门可以帮助你放松下来，积极面对考试：

1. 提前准备好考试物品：考试前一天晚上，把需要用的文具、准考证、水杯等都整理好，放在书包里。这么做能使你第二天起床时不再匆匆忙忙找东西，避免因为忘记拿东西而感到紧张。

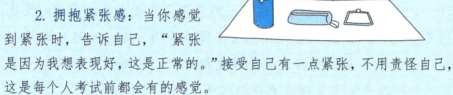

2. 拥抱紧张感：当你感觉到紧张时，告诉自己，"紧张是因为我想表现好，这是正常的。"接受自己有一点紧张，不用责怪自己，这是每个人考试前都会有的感觉。

3. 让大脑休息一下：复习时，记得每隔一段时间休息几分钟。可以站起来活动一下、喝点水，或者看看窗外的风景。这样可以让你的大脑重新充满能量，不至于因为长时间学习而感到疲倦，考试时也会更有精神。

【作者有话说】

紧张其实是一种对自己在意的表现，因为你希望能够在考试中展现自己的努力。考试只是学习的一部分，每一次考试都是一次成长的机会，重要的是你在过程中学到了什么，而不是单纯地追求分数。相信自己的努力，专注于你已经掌握的知识，而不是害怕做不好的部分。每次考试都是查缺补漏的好机会，用积极的心态面对，你会发挥出自己的真实水平！

04 担心朋友不喜欢我，怎么办

【情景再现】

课间，你正和好朋友聊得开心。他突然被另一个同学叫走，去和其他人一起玩了。你站在那里，看着他和别人一起说笑，心里有点失落。你开始担心："他是不是不喜欢我了？为什么他会去和别人玩，而不是和我玩？"虽然他之后又回到你身边，但你心里还是觉得不踏实，总想着他是不是更喜欢和其他人一起玩。你开始怀疑自己是不是做错了什么，为什么朋友不再像以前那样只和你在一起玩。

【内耗表现】

每当你发现朋友和其他同学玩得很开心时，心里就会感到不安。你总是在想："他是不是不再喜欢我了？"这种担忧让你开始紧张起来，不断回想你们之间的对话，想着是不是哪句话说得不对，或者你哪里没做好。你还会不自觉地和别的同学比较，觉得他们可能比自己更有趣、更受欢迎。你觉得很难受，担心自己和朋友的友谊要结束了。

【反内耗做法】

你慢慢意识到，朋友之间的关系并不是要时时刻刻都在一起，朋友可以有其他朋友，你们的关系并不会因此改变。你对自己说："我的好朋友和别人玩，不代表他不喜欢我。"你学会了不再因为他和别人一起玩而感到失落，而是理解朋友可以有不同的交往圈。你还试着告诉自己："我们的友谊已经很稳固，不会因为一时的变化而破裂。"你发现自己不再过度担心朋友的想法，反而能够更加轻松地享受和大家一起的时光。

【通关秘籍】

掌握这些小秘籍，让你轻松面对朋友关系中的小波动，保持良好的友谊！

● 我们要明白，友谊是像小树一样慢慢成长的。朋友可能会有很多不同的朋友，但这并不意味着他们不喜欢你。就像你喜欢很多不同的活动一样，朋友们也有自己的社交圈子。友谊需要信任和理解，而不是总是紧张担心。每个人都需要空间来和不同的人交往，这不会影响你们之间的感情与关系。

● 面对友情中的小波动，这里有三个小窍门可以帮你放松心情：

1. 信任友谊的力量：每当你觉得朋友可能不喜欢你时，告诉自己"我们的友谊是牢固的，小小的变化不会让它破裂。"相信你们之间已经建立的感情，不要因为一两件小事就轻易怀疑这段友谊。

2. 扩大交友圈：不要总是依赖一个朋友，试着主动和更多同学一起玩，参加一些小组活动或者集体游戏。通过这样的方式，你的朋友圈会越来越大，你对朋友关系也会有更深刻的了解。

3. 不要过度解读：当朋友和别人一起玩时，不要立刻觉得这是因为你做错了什么。告诉自己："朋友也需要和别人交往，这并不代表他不喜欢我。"这样能帮你减少不必要的担心。

【作者有话说】

友谊是一种需要时间和信任来维持的关系，而不是随时会改变的东西。真正的友谊是建立在互相信任、互相关心的基础上的，并不会因为一些小事而受到影响。你要学会信任朋友，也要学会信任自己。友谊就像一棵小树苗，虽然有时候会遇到风雨，但只要用心呵护，它就会茁壮成长。不要因为小小的变化而怀疑这段关系，真正的朋友会一直在你身边。

05 做错事后一直无法释怀，怎么缓解

【情景再现】

英语课上，老师提问了一个简单的问题，你自信满满地举手回答。可你不小心把答案说错了，班里一片笑声。你的脸顿时红了，感觉大家都在笑你。下课后，同学们继续说笑，而你却一直想着刚才的错误。同学们聊别的事情时，你的脑海里还是一遍遍回放着自己回答错误的那个瞬间。放学回家后，这件事仍然在你的脑海中挥之不去，觉得自己做错了事情，不管怎么转移注意力，就是无法释怀。

【内耗表现】

每当你做错事时，心里总是会一直想着，哪怕大家已经不再在意，甚至已经忘记了，你却一直在心里回想："我怎么会这么不小心？"这种反复的思考让你觉得很累，好像犯下了一个无法挽回的大错。你经常会在安静的时候突然想起这些错误，心情瞬间变得沉重，即使别人没有再提起，你也无法真正放下，总觉得自己表现不好，做了不该做的事。

【反内耗做法】

你慢慢想通了，所有人都会犯错，这很正常。你对自己说："犯错是学习的一部分，没人会因为我的一个小错误记住我一辈子。"你

开始把更多的时间和精力放在如何解决问题和提升自己上，而不是老是想着过去的错误。如果下次再因为做错事感到不安，试着把注意力放在接下来可以做得更好的事情上。你可以问自己："我下次怎么回答会更好呢？""这次我学到了什么？"犯错并不可怕，重要的是你从中学到了什么。

【通关秘籍】

掌握这些小秘籍，学会从做错事的情绪中走出来，轻松面对每一次错误！

● 有时候，错误会让我们觉得很难受，好像全世界都在盯着我们的错误，但实际上，大家都在忙着自己的事情，很快就会忘记那一刻。重要的是，你能从这次犯错中变得更好，而不是一直困在当时的情绪里。犯错就像小石子扔进水里，最初会激起水花，但水面很快就会平静下来。相信自己有能力从每一个错误中学习，然后继续前进。

● 面对犯错后的消极情绪，这里有三个小窍门分享给你：

1. 接受自己的错误：无论是大错误还是小失误，犯错都是学习的一部分。不要因为犯错而对自己太苛刻。你可以对自己说："犯错是进步的机会，我可以从中学到新的东西。"

2. 从错误中学到东西：每次犯错后，问问自己"我可以从中学到什么？"把注意力放在未来如何做得更好上，这样，你的错误就会成为一次宝贵的学习经历，而不是困扰你的难题。

3. 面向未来，设定目标：每次你犯错时，问问自己"下次我该怎么做才更好？"想一个小小的目标，比如下次更仔细一点，或者先思考再回答。通过这样的设定，你会发现，犯错其实是使你变得更好的机会。

【作者有话说】

"失败乃成功之母"，每个人都会犯错，无论是小朋友还是大人。重要的不是你犯了什么错，而是你能从中学到什么。要记住，生活中的每一个错误都是一次成长的机会。你不需要为过去的每一个错误感到难过，而是要看到自己在每次犯错之后的进步和成长。相信自己，只要你能从错误中学到东西，你就是在变得越来越好！错误不是阻碍，而是前进路上的阶梯。

06 父母和老师期望高，压力巨大怎么办

【情景再现】

最近，你参加了学校的运动会，你跑得不错，甚至拿到了小组第二的好成绩。可是，回到家，爸爸妈妈还是说："如果再加把劲，下次说不定就能拿第一！"老师也鼓励你在下次运动会中更加努力，争取冲刺冠军。虽然你为自己的表现感到骄傲，但听到他们的话，心里还是有些失落和紧张。虽然他们没有责备你，但你还是感觉压力越来越大，好像总是差那么一点点，没能完全达到他们的期望。

【内耗表现】

你发现自己常常因为父母和老师的高期望感到压力。即使你在运动会或其他活动中已经表现得很好了，但心里总有个声音在说："你应该表现得更好，不然他们会失望的。"每次成绩或比赛结果出来时，你都会紧张地看着，担心如果达不到他们的标准，会让他们失望或生气。这种感觉让你在面对每一个挑战时都感到沉重，甚至开始害怕参与活动。

【反内耗做法】

父母和老师的期望是希望你变得更好，但这并不是你唯一要追求的目标。你开始告诉自己："我已经很棒了，我有自己的节奏。"你

学会设定自己的小目标，不再总想着满足别人的要求，比如，当你下次练习跑步时，你告诉自己："这次我要比上次跑快5秒。"这样，你不会被巨大的期望压得喘不过气，而是一点点进步。同时，你也学会和父母、老师沟通，表达你的感受，发现他们会理解并支持你。

【通关秘籍】

掌握这些小秘籍，学会把父母和老师的期望变成前进的动力！

● 父母和老师的期望有时会让你感到十分有压力，但他们的目的是希望我们变得更好，是因为在意和关心我们。面对他人的期待，我们要学会看到自己的努力和进步。就像爬山一样，每个人的步伐不一样，有的人走得快，有的人慢慢来，但只要你坚持，终点就会越来越近。要相信，你的努力不会白费。就算有时候没达到预期，也不代表你做得不够好。

● 面对高期望带来的压力，这里有三个小窍门分享给你：

1. 给自己设定小目标：不要总想着一次就达到父母和老师的高期望，试着给自己设定一些小目标。比如，这次考试我先多做对几道题，下次争取提高几分。小目标更容易实现，而且不会让你感到过大的压力。

2. 专注自己的进步：每次考试、比赛或者完成任务后，看看自己有什么进步，比如这次学会了更好的学习方法。记住，你不需要每次都完美。这样才能让你感觉到自己的成长，而不是只关注分数。

3. 为自己点赞：不要总是想着你没做到什么，要学会看到自己的进步。比如，今天你认真复习了，那就是值得表扬的。每次小小的进步，都是你迈向更好的自己的脚步。

【作者有话说】

来自父母与老师的期望本身并不是坏事，它能激励我们前进。父母和老师的期望是出于对你的爱和希望，但你要明白，每个人都有自己的节奏，不需要总是追求完美。学会和他们沟通，让他们知道你的感受，同时也给自己设定合理的目标。只要你努力了，任何进步都是值得骄傲的。不要让别人的期待成为你唯一的目标，真正重要的是你自己的成长和收获。

第六章　焦虑小怪兽的应对方法

01 为什么
我总是觉得心慌慌

【情景再现】

你刚到学校，忽然想起语文老师说今天要进行一次小测验。你一下子心跳加速，脑子里乱成一团，开始担心："如果考不好怎么办？"虽然测验还没开始，你却已经坐立不安了。上课铃响了，老师发下试卷时，你的手心冒汗，心跳得越来越快。明明试题并不太难，但你总感觉大脑空白，怎么也想不起答案，脑袋里仿佛有一只"焦虑小怪兽"在捣乱，控制着你的情绪，让你根本静不下心来。

【内耗表现】

你发现自己经常会有这种突然心跳加速的感觉，不管是考试、比赛，还是上台发言之前，哪怕自己已经做了充分的准备，但心里还是会不由自主地紧张起来。每次到了关键时刻，心跳加速、手心出汗的感觉就又来了，脑子里全是"万一做错了怎么办"的想法。这种不安的情绪让你无法集中精力，常常觉得自己还没开始就已经失败了。

【反内耗做法】

你渐渐明白，紧张和心慌的感觉是因为你很在意这些事情，但这并不代表你做得不好。你对自己说："心慌只是提醒我这件事很重要，但它不会影响我的表现。"你开始尝试用不同的方法面对这些时刻，比如在考试前做几次深呼吸，帮自己冷静下来。你也对自己说："我已经准备好了，心慌只是暂时的。"当这种感觉出现时，你不再想办法赶走它，而是和它和平相处，让它自己慢慢消失，你会发现自己的心情也在变得平静。

【通关秘籍】

　　掌握这些小秘籍，学会和"焦虑小怪兽"和平相处，让它变成你的好帮手。

　　● 焦虑就像心里的一只小怪兽，它总是会在你特别在意某件事时冒出来，搅乱你的心情。但其实，这只小怪兽并不是你的敌人，它只是提醒你这件事很重要。当你学会和它相处，你会发现它没那么可怕。焦虑不是失败的预兆，它只是你在意这件事的表现。当你能放松下来，焦虑小怪兽就会慢慢变小，你的心也会跟着变得平静。相信自己，你有能力应对所有的挑战！

● 下面有三个小窍门，帮助你轻松应对心慌：

1. 写下担忧，寻找办法：当你心慌的时候，试着拿一张纸，把让你紧张的事情一条一条写下来，并写下每件事的解决方法。写的过程中，你会发现，其实这些担忧并没有你想象中那么可怕。

2. 做小动作来放松：当你心里觉得慌乱时，可以悄悄握紧拳头，然后慢慢放开，再握紧，再放开，重复几次。这种小小的动作可以帮你把紧张从身体里释放出来。

3. 用积极的想法应对：当心慌来袭时，不妨对自己说"我已经准备好了，我可以做到。"这样的鼓励会让你觉得更有力量，帮助你克服紧张。通过给自己加油打气，你会发现心里的压力减轻了，也变得更自信去面对挑战。

【作者有话说】

　　每个人都会在面对重要的事情时感到紧张，这是一种正常的情绪。你要知道，焦虑感不会永远存在，它会随着时间慢慢消失。相信自己已经做好了准备，焦虑不会影响你的能力，心慌只是暂时的，真正决定成败的是你的努力和信心。不要害怕"焦虑小怪兽"，它只是提醒你，你很重视这件事，学会用自己的方法平静下来，你就能战胜它！

02 面对重要场合，我好紧张

【情景再现】

今天是学校的表演日，你被选上要在全校同学和老师面前演讲。虽然你已经排练了很多次，但一想到马上要上台，心里就忍不住开始紧张起来。你的手心开始出汗，脚有点发抖，脑海里不断冒出："万一我忘词怎么办？如果大家不喜欢我的表演怎么办？"台下的同学和老师看起来那么多，压力一下子扑面而来。你站在台侧等待的时候，紧张感越来越强，甚至觉得心都快跳到嗓子眼了。

【内耗表现】

面对重要场合时，你总是会感到特别紧张。无论是表演、比赛，还是发表一段小的演讲，你明明准备得很充分，可是到关键时刻总是心跳加速，手脚不停地发抖，好像自己完全没了自信。即使别人告诉你"没关系，你一定行"，你心里的紧张感还是挥之不去，反而越想越害怕。你开始怀疑自己是不是能力不够，担心自己没有达到大家的期望。

【反内耗做法】

你发现，感到紧张是因为你很在乎这些重要的场合。你希望能在大家面前展现出一个自信、优秀的自己，于是你温柔地对自己说："紧张只是因为我想表现好，它并不代表我会做得不好。"当你又一次觉得紧张时，你选择把精力放在认真准备和积极排练上，而不是总想着"万一出错了怎么办"。你开始学会和这种紧张的感觉和平相处，把它变成帮你集中注意力的小伙伴，心中的压力也少了很多。

【通关秘籍】

掌握这些小秘籍，学会让重要场合的紧张感变成你的伙伴，轻松应对。

● 我们要知道，紧张是很正常的，就像心里的"小闹钟"，提醒我们要认真对待重要事情。紧张不是坏事，只要我们用对的方法，它就会变成帮助我们发挥的好朋友。记住，你的努力不会因为一时的紧张而消失，不要害怕自己会出错。每个人在重要的时刻都会有点紧张，关键是你已经做好了足够的准备。相信自己，你的表现一定会很棒！

● 面对紧张的情绪，这里有三个小窍门分享给你：

1. 做好准备，建立自信：面对重要场合，提前做好准备会让你更加自信。无论是排练、复习，还是演练发言，准备得越充分，你越会发现，紧张感其实并不会影响你的表现。

2. 幽默想象法：当你感到紧张时，试着想象一些有趣的事情，比如台下的观众都戴着搞笑的帽子，或者你的老师突然跳起舞来。通过想象这些有趣的画面，你的紧张感会减少，心情也会变得轻松很多。

3. 准备"秘密武器"：在面对紧张的场合时，带上一个让你感到安全的小物品，比如一块你喜欢的手帕或一支幸运的笔。每当你感到紧张时，摸一摸它，这样会让你感到安心，帮助你更好地应对压力。

【作者有话说】

心理学研究发现，适度的紧张感其实是好事，它能帮助我们更加专注与认真。就像比赛前的小激动，会让我们跑得更快、表现更好。但过度的紧张可能会影响我们的发挥。你要学会和紧张感相处，不要让它主导你。记住，紧张并不代表你准备得不充分，你要相信自己，只要平静下来，心里的紧张与不安就会慢慢变小，你会表现得很出色！

03 对未来担忧，我该怎么办

【情景再现】

最近，你发现自己总是想着未来的事情。你担心自己以后能不能找到理想的工作？遇到特别困难的事情该怎么办？这些问题让你晚上睡觉时翻来覆去，怎么也睡不着。你忍不住问妈妈："如果以后我做不好事情，怎么办？"妈妈安慰你："别担心，现在好好学习，未来的事以后再说。"可是你心里还是忍不住去想那些有关未来的事，未知让你感到担忧和害怕，你总担心之后会发生不好的事情。

【内耗表现】

你发现自己最近常常会因为未来的不确定性而感到焦虑。每当想到将来，心里就会莫名紧张，脑海里总是出现各种"如果"——"如果我以后不能成功呢？""万一未来我必须跟家人或朋友分开怎么办？"你试图不去想这些问题，可是它们总是会跑回来，绕着你转。渐渐地，你开始害怕面对未来，好像未来充满了未知的危险和挑战。

【反内耗做法】

你逐渐意识到，担忧未来并不能让问题消失，反而会让现在的生活变得更辛苦。你对自己说："未来是未知的，我现在能做的就是好好过好每一天。"于是，你开始学着把注意力放在眼前的事情上，比如专心完成今天的作业，而不是想着下一次考试的结果。你告诉自己："只要我认真做每一件小事，未来就不会太糟糕。"每次担忧冒出来时，你就提醒自己："还没到未来呢，我要先把现在的任务完成好。"

【通关秘籍】

掌握这些小秘籍，学会把对未来的担忧变成动力，轻松应对每一天！

● 每个人都会对未来感到担忧，这是因为我们对未知的事情都会有些害怕。但你要记住，未来并不是一瞬间决定的，而是我们每天努力的结果。"未来不在远方，它就在你每天的脚步里。"所以，当你对未来感到担忧时，不妨先回到当下，专注于今天能做的事情。相信自己的努力，未来会随着你的成长而变得越来越好。

● 面对对未来的担忧，这里有三个小窍门分享给你：

1. 梦想日记：每当你对未来感到担忧时，拿一个小本子写下你希望的未来情景。比如，写下自己的梦想。把担忧变成对未来的期待，这会让你更有动力去迎接它。

2. 给未来的自己写封信：如果你对未来感到害怕，试试给未来的自己写一封信，告诉自己"我现在正在努力，为你铺好路。"每次感到担忧时，拿出信来读读，你会发现自己的努力是有方向的。

3. 未来画画法：当你觉得未来的事让你很担心时，试着画一幅关于你未来的想象图。画出你希望未来发生的事情，不管是梦想的职业，还是美好的生活。通过画画，你会发现，未来其实是可以很美好的。

【作者有话说】

　　未来就像一本厚厚的书，每一页都还没有写好。我们不知道后面会发生什么，但这并不意味着未来会不好。未来不是一蹴而就的，它是由我们每一天的努力慢慢写出来的。记住，你现在的每一分认真和努力，都会为未来打下基础，只要做好今天的事情，未来自然会变得越来越好。相信自己，未来是未知的，但你也在不断成长，变得越来越优秀与强大。

○4 考试前的恐惧
如何缓解

【情景再现】

今天老师宣布，三天后要进行期中考试。你的心一下子紧张起来，脑袋里开始胡思乱想："万一复习不好怎么办？考得不好又怎么办？"你试着打开书本复习，但怎么也静不下心，书上的字好像在跳舞，根本看不进去。到了晚上，考试的画面不停地在脑海里出现，让你翻来覆去睡不着。每次考试前，你都会感到非常恐惧，整个人都会陷入焦虑和不安的情绪中，直到考试结束后，才会感到轻松一点。

【内耗表现】

每次考试前，你总会感到深深的焦虑。你平时学习也很认真，但考试似乎变成了一座高高的山，挡在你面前。你想着："万一我不会做怎么办？如果别人考得比我好呢？"这些念头让你无法专注复习，总想着自己可能做不好。尽管每次考完试，你的成绩都还不错，但下次考试临近时，这种恐惧感又会卷土重来，让你感到无比疲惫，甚至不想面对考试。

【反内耗做法】

你告诉自己，考试并不是决定一切的关键时刻，而是一个了解自己学习情况的机会。它可以帮你找到哪些地方学得不错，哪些地方还需要加强。你对自己说："我已经很努力了，考试只是一次检测，不代表我的全部能力。就算有几道题做错了，也没关系，这并不代表我不够好，努力改正就好了。"通过这样鼓励自己，你开始不再那么紧张，觉得考试只是一个过程。慢慢地，你发现，自己可以做到更轻松地面对考试了。

【通关秘籍】

掌握这些小秘籍，学会将考试前的紧张转化为动力，轻松迎接挑战！

● 考试前的紧张，就像下雨天，乌云密布时我们可能会感到不安，但雨过天晴后，一切都会变得清爽起来。其实，考试只是我们学习中的一个小测验，它并不能决定我们的全部。每次考试都是一次机会，让我们看看自己学到了多少。你要记住，每一个小小的进步，都是值得骄傲的。只要你尽力了，你就是最棒的自己！

● 面对考试前的紧张情绪，这里有三个小窍门分享给你：

1. 提前适应考试氛围：可以在家里模拟考试环境，安静地坐下来，做几道题目。这会让你在考试当天不至于感到陌生，提前适应考试的节奏，在考试时更加从容。

2. 温暖提醒法：考试前，在笔记本上写下"你已经准备好了""你可以做到"等鼓励自己的话语。每当你感到紧张时，看到这些温暖的提醒，就像在为自己加油，内心也会更有力量。

3. 考前小仪式：给自己设立一个考试前的小仪式，比如考试前喝一杯你最喜欢的牛奶，或者穿上你觉得特别幸运的衣服。这些小仪式会让你感觉更加自信和放松，仿佛已经为考试做好了充分的准备。

【作者有话说】

请相信，考试只是学习过程中的一个环节，不能定义你的一切。每一次考试都是一次了解自己优点和不足的机会，不要因为担心成绩而让学习变得可怕，要学会把考试看作一个小挑战，而不是巨大的压力。相信你的努力和准备，考试只是展示你学习成果的一个机会。用积极的心态应对，你会发现考试并没有那么可怕，反而会成为你成长中的一个小台阶。

05 一到比赛，我就紧张想上厕所

【情景再现】

学校运动会到了，你报名参加了跑步比赛。比赛快开始时，你突然紧张起来，手心冒汗，肚子隐隐作痛。站在起跑线旁，你觉得必须去厕所，心里更加慌乱："要是比赛时忍不住怎么办？如果出丑了呢？"你赶紧跑到厕所，结果发现并不是真的需要上厕所，而是因为太紧张了。回到赛场，你的心跳还是很快，手脚发软。虽然你知道比赛很重要，但一想到这些担心的事情，肚子又开始不舒服了。

【内耗表现】

每当有重要比赛时，你心里总会不由自主地浮现出各种担忧。你害怕自己在比赛中会犯错，担心如果做不好，大家会笑话你。你脑子里不停地想："我真的能行吗？万一我出错了怎么办？"这些想法像挥之不去的乌云，让你心里充满了对自己的怀疑。你越是想着这些，越觉得自己可能会失败，反而难以集中精力去享受比赛的过程。

【反内耗做法】

你渐渐意识到，肚子痛和想上厕所的感觉并不是因为身体真的出了问题，而是因为你在意比赛，所以身体对紧张做出了反应。你开始对自己说："我肚子不舒服是因为我太紧张了，但这不意味着我不能表现好。"你开始试着改变自己的想法，不再把每次比赛都当成是必须完美的挑战。每次感觉到想上厕所时，你提醒自己："这只是我的身体做出的反应，并不是真的有问题。"你发现，紧张感和肚子痛都在慢慢消失。

【通关秘籍】

掌握这些小秘籍，学会将比赛前的紧张转化为动力，轻松面对比赛。

● 很多人在面对重要场合时，都会感到紧张，并且出现一些身体反应，比如肚子痛或者突然想上厕所。这其实是身体在对压力做出反应，提醒你这是一个重要的时刻，但它并不意味着你真的生病了。记住，这些反应只是暂时的，紧张不会真正影响你的实力。只要你把注意力放回到当下，你会发现自己可以用轻松的心态面对比赛。

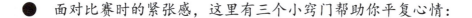

● 面对比赛时的紧张感，这里有三个小窍门帮助你平复心情：

1. 寻找赛场中的"彩蛋"：比赛前给自己定一个有趣的小目标，比如"比赛时找到三个人的微笑"或者"数一数赛场上有多少红色的物品"。通过这样的小任务，你会把注意力从紧张感转移到周围环境中，放松心情。

2. "快乐之歌"法：比赛前，哼唱一首你最喜欢的歌，哪怕只是小声哼唱。这个简单的动作会让你觉得快乐轻松，帮助你从紧张的情绪中抽离出来，专注在开心的情绪上。

3. "跳出紧张"法：如果你感到压力太大，可以原地轻轻跳几下或者做个小小的舞蹈动作。这不仅能让身体放松，还能赶走那种沉重的紧张感，让你觉得比赛更像一场轻松的运动。

【作者有话说】

人生的比赛，不在于追求完美，而在于真实地体验每一个瞬间。当你站在起跑线上，紧张、忐忑，甚至害怕出错，这些都是正常的情感反应。重要的是，你要学会拥抱这些不安，而不是被它们击垮。每一次心跳加速，都是你对自己和未来的期待；每一步迈出，都是在向自己的目标靠近。专注于当下的每一秒，你会发现自己早已在最好的赛道上奔跑着。

06 晚上总是睡不着，怎么办

【情景再现】

每到晚上睡觉时，你总是翻来覆去怎么也睡不着。白天发生的事情像电影一样在脑子里不停地播放，有时你会回想今天做的事，想自己是不是哪里做错了；有时又担心明天会发生什么，万一功课做不好怎么办？你一边想着，一边试图闭上眼睛，可脑海里的画面像开了闸的水龙头，怎么也关不上。你知道自己很累，也知道再不睡觉明天就该没精神了，但就是睡不着，时间一分一秒过去，你却离睡着越来越远。

【内耗表现】

每次晚上睡不着时，你总是变得既烦躁又担心。你会问自己："为什么别人都能轻松入睡，而我却睡不着？"你不停地看闹钟，担心这样下去明天会特别累。这种担心让你越来越紧张，好像掉进了一个"睡不着的陷阱"。明明身体很累，可大脑就是停不下来，总想着各种事情，脑袋里装满了担忧，让你觉得每个晚上都像在和自己"打架"。

【反内耗做法】

其实，睡不着是因为你的大脑一直在忙着想各种事情，没有真正放松下来。你开始对自己说："我不需要一直控制我的想法，只要让自己慢慢平静下来就好。"你决定不再逼自己立刻睡着，而是试着让大脑转移注意力，比如想一些愉快的场景或你喜欢的事情。你还告诉自己："就算今天睡着得晚一点，也没关系，明天我一样可以充满活力。"在积极心态的作用下，你发现自己很快就能睡着了。

【通关秘籍】

掌握这些小秘籍，让晚上睡不着不再成为烦恼，轻松入眠！

● 睡不着觉是很多人都会遇到的事情，它并不是因为你做错了什么，而是因为大脑还在忙着处理白天发生的事情，就像身体累了需要时间休息一样，我们的大脑也需要一些时间慢慢放松下来。睡不着并不奇怪，也不代表你有问题。你可以轻轻闭上眼睛，给自己一点时间放松，让大脑慢慢放松下来，睡意自然就会到来。

● 面对睡不着的烦恼，这里有三个小窍门分享给你：

1. **不要逼自己马上睡着**：有时，越是着急想要睡着，反而越难入睡。所以，告诉自己："我不用急着睡着，只要放松就好。"这样会让你更容易入睡。

2. **"告别屏幕"睡前习惯**：如果你总是在睡前玩手机或看电视，试着提前半小时关掉所有屏幕。亮光会刺激大脑，让你更难入睡。用这段时间读一本轻松的书或听听舒缓的音乐，让你的大脑逐渐进入睡眠模式。

3. **"放松身体"倒数法**：当你翻来覆去睡不着时，试着从 10 开始倒数。每数一个数字，想象自己身体的一部分在放松，比如"10，手臂放松了；9，肩膀放松了……"这个方法不仅能让你身体放松，也能让你减少胡思乱想。

【作者有话说】

睡眠是一个自然的过程，不需要刻意去"完成"。越是想要强迫自己入睡，反而越难做到。其实，大脑和身体都会有自己的节奏，当它们累了，自然就会想休息。如果你把睡觉当成一个必须完成的任务，压力反而会变大，导致更难入睡。试着放松自己，告诉自己："我不需要着急入睡，只要休息一下，睡意就会自己来。"心态放松，睡眠就会变得轻松自然。

第七章　自卑小情绪的克服之道

01 为什么
我总是觉得自己不够好

【情景再现】

周末你去参加了朋友的生日派对。大家都带了礼物，你精心挑选了一本漂亮的绘本送给她。你看着其他同学带来的礼物，有玩具、有拼图、有漂亮的手链，你忽然开始怀疑自己的选择。朋友打开了所有礼物，当她看到你的绘本时，虽然笑着说了谢谢，但你心里却很不安："她真的喜欢吗？我送的礼物是不是太普通了？"你脑子里全是这些问题，想着自己为什么没有像别人一样带更特别的礼物。

【内耗表现】

从派对回来后，你一直在想这件事。你开始怀疑自己的判断，觉得自己不懂得挑选礼物。每次想起朋友拆礼物时的表情，你就感到害怕和不安。你开始觉得自己做什么事情都不够好。选择衣服时，你总是觉得自己穿什么都不好看。做作业时，你反复检查，担心会出错。你常常想："为什么我总是做不好？我是不是真的很差劲？"这些想法让你变得越来越没有自信。

【反内耗做法】

有一天，你在整理书架时，发现了那本和你送给朋友一样的绘本。翻开书，你回想起自己曾经多么喜欢这个故事。你突然意识到，自己选择这本书是因为真心觉得它很棒，而不是为了让别人觉得你很好。你对自己说："我不需要总是觉得自己不够好，我有自己的想法和喜好，这就很棒了。"慢慢地，你开始接受自己的选择，不再总是怀疑自己。你发现，当你不再纠结于"自己是否够好"时，反而能更轻松地做好很多事情。

【通关秘籍】

　掌握这些小秘籍，让你重拾自信，收获更好的自己。

● 　我们要明白，每个人都有自己的节奏和独特性。你不需要像别人，因为你本身就拥有独特的价值。每个人都有属于自己的闪光点，你要努力发现自己的优点与优势，你可能擅长学习，或者在帮助别人时特别有耐心，又或者你在某项爱好中展现出独特的天赋，这些都是你独一无二的地方，不必与他人对比。

● 如何发现自己优点，试试以下小技巧：

1. 找到自己的优点：人们往往容易忽略自己的长处，总是盯着自己的缺点不放。尝试列出自己的优点，比如善于倾听、认真负责、富有创造力等。通过识别自己的长处，你可以逐渐发现自己身上那些容易被忽视的优点。

2. 减少与他人比较：记住，比较会让你忽略自己的特点。你不需要走别人的成功路，因为你有自己的路要走。专注于自己的成长轨迹，把精力放在如何提升自己，而不是总想着别人的表现如何。

3. 相信自己的选择：每个人都有不同的喜好和想法，你的选择反映了你的独特个性。不要因为别人的意见就怀疑自己，坚持做真实的自己。

【作者有话说】

"你是你，不必成为别人。"我们总是习惯与他人比较，觉得自己不够好，不如别人优秀。然而，真正的成长并不在于我们是否与他人一样，而在于我们是否能够看到自己的价值和潜力。每个人都有自己独特的路径要走，每个人的成功定义也各不相同。相信自己，你比想象中更加出色。重要的是，做最好的自己，而不是去追逐他人的影子。

02 同伴的嘲笑，我该怎么应对

【情景再现】

今天在学校，你鼓起勇气参加了班级的才艺展示。你用心准备了一支舞蹈，还特意穿上了自己喜欢的表演服装。可是，当你跳完舞，台下却传来了一阵笑声。原来，有同学觉得你的衣服很滑稽，他们指着你的衣服窃窃私语。你感到脸上火辣辣的，心里好像被针扎了一下，低着头跑下了舞台。回到家，你把衣服塞进衣柜最深处，再也不想看到它。你问自己："为什么他们要笑我？是不是我真的很可笑？"

【内耗表现】

从那天起，你开始变得特别在意别人的眼光。每次穿衣服时，你都会反复确认是否合适，生怕再次被人嘲笑。你不敢再在班上表现自己，害怕成为大家取笑的对象。即使是最喜欢的音乐课，你也不敢大声唱歌了。你总是想着："他们是不是又在笑我？万一我唱得不好听怎么办？"你害怕自己再次成为大家注意的焦点，担心他们又会嘲笑你。

【反内耗做法】

你决定用一个全新的角度看待自己，每个人都有自己的特点，重要的是要欣赏自己的独特之处。你突然明白，那件表演服其实代表了你的个性和特点。你对自己说："我喜欢这件衣服，它让我感到快乐和自在，这才是最重要的。"你决定不再让别人的看法影响自己。下次音乐课上，你鼓起勇气唱了一首自己喜欢的歌。虽然还有点紧张，但你发现大家都认真地听你唱，有的同学还为你鼓掌，你重新找回了自信。

【通关秘籍】

掌握这些小秘籍，让你面对嘲笑时坚持自我，保持淡定。

● 面对同学的嘲笑，我们可能会感到很受伤。但是，你要相信，每个人都有自己独特的审美和喜好。别人的看法并不能决定你的价值。重要的是要学会欣赏自己，接纳自己的与众不同。真正的朋友会欣赏你的独特之处，而不是取笑你的不同。相信自己的选择，在面对质疑与嘲笑时，更加坚定地做自己。

● 如何坚持自己的选择，试试以下小技巧：

1. 自信回应法：当有人嘲笑你的衣着时，用积极的态度回应，往往能让对方感到意外，也能展现你的自信。你可以自信地说："谢谢你注意到我的衣服，我很喜欢它呢！"

2. "镜子"想象法：想象你是一面镜子，别人的嘲笑就像光线一样照到你身上，但你可以选择反射它们，而不是吸收。当有人说些不好的话时，告诉自己："这些话反映的是他们的想法，不是我的真实样子。"

3. "夸夸小队"：和好朋友们组成一个"夸夸小队"。每天轮流当队长，队长要说出每个队员表现得特别好的闪光点，比如"你的头发今天很整齐"。大家一起练习发现美好，慢慢地，你会发现自己变得更善于欣赏自己和他人的优点。

【作者有话说】

　　每个人都有自己喜欢的食物、衣服和爱好，就像花园里的花朵，有的艳丽，有的素雅，每一朵都有自己的美。你的独特风格就像是一朵独一无二的花，虽然不是每个人都能欣赏，但它依然美丽绽放。不要因为别人的不理解就否定自己。相信自己的选择，勇敢地展现真实的自我。记住，真正自信的人，不是得到所有人喜欢的人，而是能够欣赏自己独特之处的人。

03 不完美也 ok, 我也是很棒的

【情景再现】

　　你对自己总是很严格，事事追求完美。你从不做没有把握的事情，每次都会做好充分的准备，要是觉得没希望，就马上放弃。虽然保持完美让你累得不行，但你乐在其中，觉得这样才是最好的自己。然而，今天你的完美世界里出现了一次"小地震"：在演讲比赛中，由于麦克风频繁出现问题，你没能好好发挥，与第一名失之交臂。这是你人生中的第一次"不完美"。面对这样的情况，你会怎么处理呢？

【内耗表现】

　　你简直无法接受自己的不完美，觉得这就是不可饶恕的错误。这次的失利让你情绪低落，心情沮丧。失败的阴影一直笼罩着你，让你茶饭不思，上课时也总是低着头，害怕和老师有任何互动。你感到无助，不知道该怎么办。你只能默默地承受着内心的难过，独自面对这次失败。你脑海里似乎有个声音在嘲笑你："做不到完美，你就是个失败者！"

【反内耗做法】

　　这时，你轻轻地对自己说："不完美也没什么不好！虽然麦克风出了问题，但我坚持下来了，这也是一种胜利！"一直以来，你对自己要求太高，时间长了，已经感到很累了。现在，你意识到需要做出

一些改变。完美当然很好，但不完美也没什么大不了，因为每件事都有它的小缺陷，不完美也是一种特别的美。你明白了一个道理："即使做了万全的准备，有时候也会出现小意外。重要的是要保持平和的心态，接受不完美的自己。"

【通关秘籍】

如果你也有完美主义心理，怎么做到不责怪自己呢？来看看这些小秘诀吧。

● 我们要学会用辩证的眼光看待完美主义。简单来说，就是要知道这种性格的好处和坏处。追求完美能让我们更自律、提升学习能力，但如果过于追求完美，就可能陷入情绪的怪圈：一旦达不到心中的完美标准，就会感到焦虑、难过。我们提倡适度追求完美，不需要苛求完美的结果，可以对自己说："哦，这样已经很好了，我尽力了。"

● 面对不完美时，及时调节情绪很重要。这里有三个小窍门分享给你：

1. 自我暗示法：用积极的语言给自己打气，提升自信，赶走焦虑。"别担心，即便失败了你还是最棒的。""不就是失败嘛，明天会更美好。"给自己制造正能量，让任何人都无法打击你的自信心。

2. 放松心情法：这里的"放松"不是偷懒，而是让紧张的心情暂时休息一下。暂时放下压力，像一休哥一样"休息，休息一会儿"。停下来，等你"满血复活"后再解决烦恼。

3. 运动法：通过运动来转移注意力，这样可以释放掉体内多余的负能量。比如，你可以在小区里跑几圈，所有让你感到劳累的运动都可以试试，但记得要注意安全。

【作者有话说】

"万物皆有裂痕，那是光照进来的地方。"缺点和不足就像裂痕，无论是谁，包括你我，想要正视它需要很大的勇气。或许，那些不完美的存在恰好证明了我们都是普通人，就像大海中的一滴水，宇宙中的一粒尘埃，虽然渺小、平凡、有缺点，但我们不甘于平庸。我们依然心怀梦想，那些不完美的地方会驱动我们去积极面对，去寻找生命中的光芒。

04 如何在课堂上勇敢发言

【情景再现】

今天，数学老师在黑板上写了一道新题，转身问大家："谁能来解答一下？"你知道答案，心里已经默默演练了一遍，想着怎么把题目讲得清楚。不过，当你准备举手时，手突然停住了。你心里不自觉地开始打鼓，害怕如果自己说错了，大家会笑话你。老师的目光扫过你所在的角落，你的心跳得更快了，但你还是没能举起手来。下课后，你懊恼地想："明明我知道答案，为什么就是不敢说呢？"

【内耗表现】

每次遇到这种情况，你都会心里纠结。你知道自己可以回答，但就是担心会说错。脑海中总是浮现出各种糟糕的场景："同学们会不会觉得你说得很可笑？老师会不会批评我？"这种紧张让你觉得自己做不好这件事，每次都错失了发言的机会。你心里想着："下次我一定要举手。"但到了下次，紧张的感觉依然让你停在原地，不敢回答问题。

【反内耗做法】

你决定要鼓起勇气，改变自己。你告诉自己："我不需要每次都回答得完美，只要勇敢试一次就好。"你开始意识到，同学和老师更关注你的真实想法，而不是你是否回答得完全正确。你不再把发言看成一个必须成功的挑战，而是一次分享自己想法的机会。慢慢地，你发现只要认真向大家说出自己的解题思路，紧张感就会减少许多。于是，你对自己说："不管答案对错，只要我勇敢地说出自己的想法，这就是一种进步。"

【通关秘籍】

掌握这些小秘籍，帮助你在课堂上勇敢发言，轻松自如地表达自己。

● 发言就像讲一个有趣的故事，不需要完美的开头，也不需要完全正确的结尾。最重要的是，你在这个过程中学会了分享自己的观点，就像和朋友们一起聊天一样。没有谁天生就能做到毫无紧张感，每一次的发言都是在练习，都是你成长的机会。所以，别害怕犯错，因为错误也是学习的一部分。

● 如何在课堂上更自信地发言，以下三个小窍门可以帮你轻松迈出第一步：

1. 和好朋友一同"玩"发言游戏：如果你觉得课堂上直接发言太难，不妨在课余时间和朋友玩一个"课堂问答"游戏。你们可以轮流扮演老师和学生，相互提问，这样不仅有趣，还能让你在轻松的环境中练习回答问题。

2. 寻找一个"安心伙伴"：每当你要发言时，试着和身边的同学先做个眼神交流，找到一个让你觉得安心的"安心伙伴"。有他们的支持，你会变得更加勇敢。

3. 三秒缓冲法：当你决定发言时，数到三再举手。"一、二、三，举手。"这样给自己一个短暂的准备时间，让内心的紧张有个缓冲，同时也可以避免思考太久而错过发言机会。

【作者有话说】

"英雄并不是天生的，而是在挑战中不断成长的。"每个人都有感到紧张和害怕的时候，特别是在面对新的挑战时。勇敢举手发言，对很多人来说，都是一个需要克服的小难题。但请记住，没有谁天生就是一个演讲家，所有的自信都是一步一步建立起来的。你只需要在课堂上多一点点勇敢，每一次的发言都是你向自信迈进的一小步。

05 建立自信：
发现自己的闪光点

【情景再现】

音乐课上，老师让大家站起来轮流唱歌。轮到你时，你低下头，紧紧抓住衣角，心里特别紧张。你平时唱歌的时候总觉得自己声音不够好听，害怕唱错，怕同学们笑话你。老师鼓励你说："来吧，试试看。"但你还是一动不动，嘴巴怎么也张不开。直到老师让其他同学接着唱后，你的心里才松了一口气，但也有些失落。你默默想着："为什么我连唱个歌都不敢呢？别人唱得那么好，而我却这么没用。"

【内耗表现】

你坐在座位上，心里酸酸的，脑子里一直回想着刚才的情景。你忍不住想："别人唱得那么好，我却不敢唱，大家肯定会笑我。"不只是音乐课，每次遇到展示自己的机会，你总是躲在后面，觉得自己不行。你羡慕其他同学，他们有的会唱歌，有的跑得快，还有的很会表达自己，而你却觉得自己什么都不会。你很难过，总觉得自己没有优点。

【反内耗做法】

有一次，老师说："每个人都有自己的闪光点，不用跟别人比较。"这句话让你感到温暖，也让你意识到，寻找自己的闪光点才是最重要的。

于是，你决定多花时间去探索自己喜欢的事情，比如画画、写故事或者表演。你学会在尝试中欣赏自己的努力，认可自己的付出。你开始勇敢地展示自己，和同学分享作品和想法，你的自信心也在不断增长。你相信，真正的自信来自接受自己的独特之处，而不是与别人比较。

【通关秘籍】

　　掌握这些小秘籍，帮你发现自己的闪光点，变得更加自信。

●　　自信并不是天生就有的，而是在每一次勇敢的尝试中慢慢积累起来的。就像每棵树苗都需要时间才能长成大树，浇水、晒太阳、经历风雨，每一步都是它成长的过程。自信也是如此，需要一步一步地培养。不要急着和别人比，因为每个人都有自己的节奏和特点。相信自己，给自己时间，你一定会收获属于自己的美好。

● 如何更好地发现自己的闪光点，这里有三个小窍门分享给你：

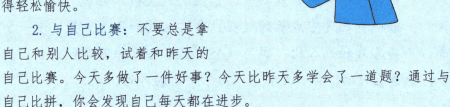

1. 情绪音符法：当你感到紧张时，可以把自己的情绪想象成不同的音符。比如，当你觉得有点害怕时，把它想成低音音符，然后用自己的声音慢慢把它唱出来，逐渐转换为开心的高音音符。这样一来，情绪也会随着音乐变得轻松愉快。

2. 与自己比赛：不要总是拿自己和别人比较，试着和昨天的自己比赛。今天多做了一件好事？今天比昨天多学会了一道题？通过与自己比拼，你会发现自己每天都在进步。

3. 朋友眼中的我：有时候，我们自己看不到自己的优点，可以试试问问朋友"你觉得我有什么特别的地方？"朋友的回答，常常能让你看到一些自己没有意识到的闪光点。

【作者有话说】

"世界上最美好的事情就是你成为自己。"每个人都有自己的闪光点，它们就像星星一样，照亮你独特的道路。在你探索自己的过程中，你会发现那些小小的成就和兴趣，才是真正构成你独特个性的部分。记住，优秀不只是外在的表现，它更在于你对自己的认可和热爱。每一次尝试和努力，都是在为你的独特之处增添光彩，勇敢做自己，你的闪光点会愈发耀眼。

06 不再脸红，我在台上自信满满

【情景再现】

班会课上，老师让每个同学分享一件自己印象最深刻的事情。轮到你时，你的心跳开始加速，脸一下子就红了。你站在座位旁，手里紧紧抓着桌子，脑子里飞快地想刚才准备好的内容，但越想越紧张，突然什么都想不起来了。你感到脸上越来越热，心里想："万一大家觉得我讲的内容没意思怎么办？"你艰难地开口，声音又小又颤，讲得断断续续。讲完后，你心里十分失落，觉得自己表现得太紧张了。

【内耗表现】

回到座位上，你的情绪才慢慢平静下来。你不禁责怪自己："为什么我总是脸红，说话总是发抖？"你越想越觉得自己不行，好像总是和别人差得远。每次需要在大家面前发言时，你都很害怕，觉得自己肯定会出错。看着其他同学自信地分享他们的故事，你心里特别羡慕，总觉得自己永远也做不到像他们那样好。你讨厌自己的胆小，又不知道该怎样变得自信。

【反内耗做法】

你决定给自己一个变勇敢的机会，尝试打破内心的"小黑屋"。你告诉自己："我值得被看到，我可以在台上表现得很好！"你不再担心别人会不会觉得你讲得不好，而是专注于自己发言的内容。你闭上眼睛，心里默默地鼓励自己："我喜欢分享我的想法，这是属于我的时刻。"渐渐地，你发现自己的注意力不再被紧张感牵着走，你变得越来越勇敢，越来越自信。你明白了，只要相信自己，每个人都有发光的时刻。

【通关秘籍】

掌握这些小秘籍，学会将紧张的情绪转化为自信的动力，勇敢站上台，展示自己。

● 我们常常害怕站在大家面前，总觉得自己不够好、不够出色。但其实，每个勇敢站上台的小朋友都经历过紧张和害怕。勇敢并不是不害怕，而是即使害怕也愿意尝试。想象一下，站在台上时，你并不是一个人在战斗，你有你喜欢的故事、你练习的汗水，还有一颗想要展示自我的心。相信自己，你比你想象中要更有力量。

● 面对上台的紧张和不安，这里有三个小窍门分享给你：

1. 自信台词卡：准备一些小卡片，在上面写下你喜欢的话或者鼓励自己的句子。表演前，抽一张卡片大声读出来。比如，"我会表现得很好"这些话能让你在台上不再那么紧张。

2. 自信体态法：站在台上时，挺直背、抬起头，像披上了隐形的自信披风。每一次站直，都是在告诉自己："我很棒，我能行！"自信的体态让你看起来精神十足，也能赶走内心的小害怕，让你勇气满满！

3. 勇敢手势法：在上台前，用力握拳、举起双手做出胜利的姿势，或者在背后用力攥拳头，这些小动作会让你感觉自己充满力量。这个秘密手势是属于你的秘密小法宝，让你瞬间充满自信。

【作者有话说】

"勇气并不是没有恐惧，而是面对恐惧依然坚持不懈。"害怕只是短暂的，而自信和成长却是伴随我们一生的珍贵宝藏。你会发现，台上的你其实比自己想象中的要勇敢得多，每一个紧张的小瞬间，都是你挑战自我的机会。别因为一次脸红就停下脚步，每一颗紧张的小心脏背后，都是一个渴望绽放的自我。每一次的小进步，都会让你离自信更近一步！

第八章　逃避型小朋友的大挑战

01 为什么我总是想逃避呢

【情景再现】

今天是体育课，老师让大家分组进行接力赛。看着同学们在跑道上欢呼雀跃，你却一点也不开心。你一想到自己跑得慢，可能会拖累全队，心里就开始打鼓："要是我不用参加就好了。"你假装系鞋带，悄悄躲在队伍后面，不敢和任何人对视。直到比赛结束后，你才敢站起来。你感觉自己好像错过了什么重要的东西，心里空空的，只剩下一个小小的声音在问："我为什么总是想躲开呢？"

【内耗表现】

你发现自己总是很害怕面对挑战和新事物，总觉得自己会做错事或者让别人失望。每当老师布置新任务，或者同学们邀请你一起玩时，你的心里就会冒出很多不安的小问号："我能行吗？要是搞砸了怎么办？"这些想法像一张大网，把你牢牢困住，让你不敢往前迈出一步。你总是在关键时刻退缩，心里又急又气，却不知道该怎么改变。

【反内耗做法】

有一天，你看着窗外奔跑的同学们，突然觉得自己不能再这样一直退缩下去。你告诉自己："逃避不能让我变得更好，但尝试可以。"你开始给自己定下小小的目标，不求一下子变得多厉害，只要比昨天的自己多勇敢一点点就好。你决定在下一次活动时，站出来试一试，即便不完美，也不会再轻易放弃。你学会对自己温柔一些，不再责怪自己，而是告诉自己："每一小步都算数。"你发现自己迎接挑战的心情也一点点变得坚定。

【通关秘籍】

掌握这些小秘籍，学会将逃避化作勇气，让每一次挑战都变得更轻松。

● 害怕和想逃避是正常的感受，就像下雨天会让人不想出门一样。这些情绪不是坏东西，而是心里在提醒我们：我们在意这件事的结果。逃避是因为害怕失败，但面对的那一刻，你就已经比昨天更勇敢了。每一次面对小挑战，都是在给自己加分。每一份小小的勇敢，都会让你离自己梦想中的样子更近一步。

● 面对逃避情绪，这里有三个小窍门分享给你：

1. 勇气徽章法：每当你成功面对一次让你想逃避的事情，画一个小星星或贴一个小贴纸在本子上，作为"勇气徽章"。这些徽章会告诉你，你其实已经做得很好了，是一个小勇士。

2. 勇气小步法：每当你觉得想要逃避时，试着告诉自己，"只做一点点就好。"比如，害怕上台发言，那就先试着在台上发一句言。每次的小步前进，都会让你积累更多的勇气。

3. 勇敢想象法：当你感到害怕时，闭上眼睛，想象自己是一个勇敢的小英雄，比如"无所畏惧的小超人"。想象自己在完成挑战时的样子，心里默念："我也能做到。"这种小小的想象会给你增添力量。

【作者有话说】

"幸福的起点在于敢于迈出第一步。"面对挑战时，心里的小恐惧常常会把我们拦住，但记住，勇敢不是不害怕，而是带着害怕也愿意尝试。当你不再逃避，而是愿意面对时，你会发现自己比想象中更强大。每一次的尝试都是给自己的一份礼物，带你看到一个更勇敢、更自信的自己。相信自己，每一次的小挑战都会成为你成长的精彩片段。

02 看到有人插队，我要不要指出来

【情景再现】

午饭时间，你和同学们排着队去食堂打饭。队伍很长，大家都安静地等着，这时一个高年级同学悄悄插到了你前面。你看到这一幕，心里很不舒服，却不知道该怎么办。你犹豫着要不要提醒他，怕他生气，又觉得自己是不是多管闲事。你看了眼其他同学，他们也看到了，但没有人说话。你心里开始打鼓："我要不要提醒他呢？"但你又怕引起冲突，只能低着头假装没看到，心里却觉得很不舒服。

【内耗表现】

你知道插队是不对的，可每次看到这种情况，你心里就开始打鼓："说出来会不会让人不高兴？"你害怕和别人起冲突，也不想让自己显得"多管闲事"。这让你觉得又生气又委屈，好像自己总是躲在后面，不敢站出来说话。你问自己："我是不是太胆小了？为什么我不敢说？"这些纠结的小情绪像一团乱糟糟的毛线，越绕越紧，让你觉得好烦恼。

【反内耗做法】

你慢慢发现，其实你害怕说出来，不是因为你错了，而是因为你怕别人会不高兴。你对自己说："我有权利维护队伍的秩序，这不是多管闲事。"你开始练习用平静的心情面对插队的情况，而不是让生气和害怕占据你。你可以用温和的语气说："你好，排队要从后面开始哦。"即使对方不听，你也告诉自己这不是你的错，重要的是你勇敢地站出来说了。慢慢地，你发现表达自己会让你觉得心里更舒服、更有力量。

【通关秘籍】

掌握这些小秘籍，学会在面对插队时勇敢表达，维护秩序。

● 在看到别人插队的时候，我们都会觉得不舒服、很纠结。其实，这种感觉不是因为你软弱，而是因为你希望大家都能好好排队。维护队伍秩序是一件很正直的事，勇敢站出来，你的声音会让大家都知道规则的重要。每一次勇敢表达，都是在告诉自己和别人：我们都可以做到守规则、讲公平，让队伍变得更有序。

● 面对插队的情况，这里有三个小窍门分享给你：

1. 友善提醒法：当你看到有人插队时，不用大声喊，也不用生气，可以试着用温和友善的语气说一句，"队伍在后面哦。"这样既不会让对方觉得难堪，也能让对方明白插队是不合适的。

2. 试着往前站一步：如果你觉得不好意思直接开口，可以试着往前站一步，站稳自己的位置，不让插队的人轻易超越你。这个简单的小动作，不仅可以表达你想要维护队伍的意图，还能让你觉得自己在守护公平。

3. 和小伙伴一起做：面对插队，有时候一个人会觉得很紧张、很害怕，这时候你可以拉上身边的小伙伴一起提醒插队的人。大家一起站出来维护规则，就像一个小小的护卫队在守护秩序。

【作者有话说】

"勇敢就是在害怕时仍然前行。"面对破坏规则的人，我们站出来并不是为了制造麻烦，而是让自己学会做一个正直、有责任感的人。每一次站出来的勇气，都是在为自己心里的正义点亮一盏灯。即使你感到害怕，只要轻轻迈出一步，你就会发现其实自己并没有那么胆小。记住，你的声音是有力量的，它会让自己变得更坚定，让世界变得更加美好。

03 朋友错了，我该不该当面指出来

【情景再现】

数学课上，老师让大家到黑板上做题。你的好朋友自告奋勇地走上去，认真地算出了答案。可是，你一眼就看出他把数字抄错了，结果也算错了。老师站在一旁没有立刻指出，其他同学也在悄悄讨论。你心里很着急："我要不要提醒他算错数了呢？"你知道如果现在说出来，你的好朋友可能会觉得难堪。可是如果不说，他又会被老师指出错误。你左右为难，心里纠结着，不知道该不该提醒他。

【内耗表现】

每次遇到朋友做错事，你心里总是很纠结。你想帮他们，但又怕指出来会让他们不高兴，觉得你在挑毛病。你不想让朋友尴尬，也不想被误解为"爱挑毛病"。于是，你选择了沉默。可是，这样做让你心里很别扭。你总在心里问："如果说了，朋友会不会生我的气？"这些担忧让你心里乱糟糟的，既不想让朋友不开心，又不想让他们继续犯错。

【反内耗做法】

你决定用真诚的态度面对朋友，你告诉自己："我指出错误，是希望帮助朋友变得更好，而不是为了找他们的麻烦。"于是，你尝试用轻松的心态去提醒他们，比如用温柔的语气说："你刚刚可能算错了，要不要再看一看？"让对方知道你是真心想帮忙。慢慢地，你发现，当你用关心的态度去表达意见时，朋友们不仅不会生气，反而会感谢你的帮助。你渐渐明白了，指出问题并不是挑刺，而是能帮助大家一起进步。

【通关秘籍】

　　掌握这些小秘籍，学会在指出朋友的错误时，更加自信又温柔地表达自己。

　● 我们要明白，指出错误并不是为了批评，而是出于关心和帮助。就像我们都喜欢的拼图游戏，如果有块拼图放错了，提醒一下并不是挑刺，而是让拼图更完整。指出问题其实是朋友间相互支持的一种方式，帮助对方变得更好。沟通是让友谊更牢固的小桥梁，只要方法合适，朋友会感受到你的善意。

● 面对朋友的小错误，这里有三个小窍门分享给你：

1. 轮流检查法：邀请朋友一起轮流检查对方的答案，比如说"我们来互相检查一下吧，看看有没有遗漏的地方。"这样既能帮朋友发现错误，又不会让对方觉得被指责，是一起合作的感觉。

2. 把建议变成探讨：不要直接说"你错了"，而是用探讨的语气"我们一起来看看这个步骤，是不是有点不对？"这样既不会让朋友觉得被批评，也能让对方更容易接受。

3. 夸奖和建议结合：先夸夸朋友的优点，再轻轻提建议，比如"你这题解得好认真""不过这里好像有点小问题，咱们一起看看吧。"这样既表达了你的关心，又不会让对方感到被批评。

【作者有话说】

"真正的朋友是愿意帮助对方变得更好的人。"面对朋友的小错误，我们不必因为害怕伤感情而选择沉默。勇敢表达自己的看法，用温柔而鼓励的方式去沟通，不仅不会破坏友谊，反而会让你们的关系更加紧密。每一次指出问题，都是对朋友的支持和关爱，也是对自己表达能力的锻炼。相信自己，做一个温暖、勇敢的朋友，让彼此在成长的路上一起变得更好。

04 害怕和恐惧，我该怎么办

【情景再现】

　　游泳课，你站在游泳池边，看着碧蓝的水面泛起的波纹，其他小朋友一个个兴奋地跳进水里，开始玩耍和比赛。可你站在那里，心里充满了恐惧："水这么深，万一我不会浮起来怎么办？要是呛到水怎么办？"教练在一旁鼓励你试试看，但你只是摇头，怎么也不敢松开手。你看着朋友们玩得开心，心里羡慕又害怕，始终不敢迈入水中。你心里想着："我真的不敢进去，我好害怕。"

【内耗表现】

　　你看到其他小朋友在水里游得自如，心里不禁觉得自己特别胆小，总是做不到像他们一样勇敢。你一边害怕水的深度，一边又责怪自己："为什么别人都能做到，而我却不敢下去？"害怕的情绪让你觉得很沮丧，既不想让同学们知道你害怕，又觉得自己无法克服这种恐惧。你总是希望自己能勇敢一些，但害怕的感觉像一座大山挡在前面，让你寸步难行。

【反内耗做法】

　　你决定不再让害怕的感觉困住自己，而是尝试去理解它。你告诉自己："害怕水并不代表我不勇敢，而是因为我还没有习惯。"于是你开始从简单的事情做起，先用手轻轻拍打水面，感受水的触感，然后再慢慢让自己坐在泳池边，把脚放进水里。你不急于一下子跳进去，而是慢慢适应。你告诉自己："我可以慢慢来，不着急，每一步都是进步。"你发现，当你不再强迫自己，放松地面对害怕，恐惧的感觉反而慢慢变小了。

【通关秘籍】

　　掌握这些小秘籍，学会和害怕的情绪和平相处，勇敢面对小挑战。

　　● 害怕并不意味着我们做不到，而是提醒我们应该多给自己一些时间和空间。就像面对一座大山，你不需要一下子爬到顶峰，可以慢慢往上爬，享受每一步的小进步。害怕不是阻碍，而是帮助我们看清自己在意的事情。当你感到害怕时，可以对自己说："这只是一个小考验，我可以慢慢来，没关系的。"

● 面对害怕的情绪，这里有三个小窍门分享给你：

1. 慢慢靠近法：面对害怕并不是要我们一次就面对全部，慢慢靠近就好。比如害怕游泳，可以先从浅水区开始，用手感受水的温度，再一步步让自己适应。害怕不需要一口气战胜，它可以是慢慢习惯的过程。

2. 和害怕说说话：当害怕来临时，不妨在心里和它聊聊。比如对自己说："我知道我害怕，但我可以试试看，不用马上做到最好。"用温和的态度面对害怕，慢慢安抚自己。

3. 画出害怕法：把你的害怕画下来，想象它是一只小怪兽，画得滑稽有趣一点。画完之后，可以给它涂上彩色，还可以给它起个搞笑的名字，这样你就会觉得害怕的情绪并没有那么可怕。

【作者有话说】

"成长的过程就是从恐惧中勇敢地、坚定地走出来。"害怕并不是我们的敌人，它只是提醒我们，前方有新的挑战等着我们去克服。每一次你愿意面对恐惧，就是在给自己增添一份勇气。不要急着战胜所有害怕，慢慢来，每一个小小的尝试都在让你变得更强大。当你敢于迈出第一步，害怕的阴影就会越来越小，勇气的光芒就会越来越大。

O5 在困境中 找到解决办法的小窍门

【情景再现】

手工课上，老师让大家做一个立体的小房子。你看着桌上的材料，有点手忙脚乱。你按照老师教的步骤做了一会儿，却发现房子怎么也立不起来，歪歪扭扭的像要倒塌。你试了好几次，但每次都不成功。你看着其他同学做得又快又好，心里越来越着急。纸片老是滑下来，胶水也总是粘到手上。你觉得自己怎么做都不对，想放弃但又不甘心。看着别人做得漂亮，你的小房子却怎么也站不起来，心里充满了挫败感。

【内耗表现】

你感到自己被困在了一个无法解决的小麻烦里，越急越手忙脚乱。你想着"为什么别人都能做好，而我总是弄不好？"你开始怀疑自己的能力，觉得自己不够聪明、不够灵巧，心里觉得很失落。看到小伙伴们开心地展示自己的作品，你却只想躲起来，不让别人看到自己的"失败品"。你不想再尝试，却又不愿意就此认输，你想："我是不是做什么都不行？"

【反内耗做法】

你试着换一种心态去面对困境。你告诉自己："失败并不意味着你做不好，而是你在尝试一种新的方法。"你冷静下来，仔细观察自己的小房子。你发现自己把步骤弄乱了，于是一步步重新整理，先把底部稳固好，再慢慢搭建上层。你还请教了老师和同学，得到了很多新的小建议。你发现，当你放慢脚步，认真观察问题时，事情变得不那么复杂了。困境不再是吓人的大怪物，而是可以一点点拆开的"小谜题"。

【通关秘籍】

掌握这些小秘籍，学会在困境中找到解决办法，化解小麻烦。

● 我们要相信，遇到困难并不可怕，每个人在成长过程中都会遇到很多困难。困难就像一个迷宫，需要我们动脑筋找到出口。遇到困境并不代表你做错了什么，而是给了我们一个学习和发现的机会。每一次解决小问题的尝试，都是让自己变得更聪明的一次练习。面对困境时，别急着灰心，慢慢来，总能找到解决的路。

● 面对困境，这里有三个小窍门分享给你：

1. 大胆请教：别害怕向别人求助，请教老师、同学或家人，他们的建议可能会给你全新的思路。聪明的人会懂得在合适的时候寻求帮助，这是解决问题的好方法。

2. 勇敢试错法：不要害怕做错，当你尝试不同的方法时，即使错了也没关系。每次小小的尝试都是在找到正确答案的路上。把失败当作探索新路的小探险，这样你会更轻松地面对困境。

3. 逆向思考法：遇到问题时，试着反过来想一想。比如，你在拼装积木时总是搭不稳，可以想一想"如果先从顶部开始搭建会怎么样？"这种逆向思考可以带来新的思路，让你发现解决问题的新方法。

【作者有话说】

"每一个问题都有一个简单的解决方法，只是我们需要找到它。"在遇到困难时，不要害怕，更不要觉得自己做不到。问题并不会永远困住你，只要你肯去寻找、尝试和调整，困境总有办法破解。每一次你愿意面对问题，而不是轻易放弃，都是在给自己积累更多的智慧和力量。相信自己，只要冷静下来，动动脑筋，你一定能找到属于自己的解决之道。

06 如何培养
面对困难的勇气

【情景再现】

　　老师给全班布置了一项小挑战——每个人都要站起来，做一个小小的个人展示。轮到你时，你心里突然一紧，感觉肚子里像有只小猫在翻滚，脚也变得沉甸甸的。你知道自己可以做得很好，但就是不敢站到大家面前。你想："要是我做错了怎么办？如果大家看着我笑呢？"这些想法让你不自觉地想逃跑，想找个地方躲起来，不去面对这个任务。可是你知道，这样逃避并不能让自己变得更强，反而会让你觉得更害怕下次的挑战。你希望自己能成为一个敢于应对挑战的有勇气的人，却不知道该如何实现这个梦想。

【内耗表现】

　　每当你遇到挑战时，心里的声音就开始变得很大："我是不是做不到？要是做错了怎么办？"你感觉到不安，甚至开始自我怀疑，觉得自己不够好、不够勇敢，甚至有些愧疚，害怕被别人看作弱小。你知道自己有能力，但这些担心就像一堵无形的墙，让你无法勇敢地面对挑战。每次选择逃避后，内心的焦虑并没有消失，反而越来越大，下一次面对类似的情况时，你会更加害怕，也更难鼓起勇气。

【反内耗做法】

　　面对这些紧张和害怕时，你开始告诉自己："我能做得到！即使害怕，我也可以勇敢地去试试看。"每个人都会感到害怕，重要的是学会如何面对这种害怕。下次面对挑战时，你可以先从小事做起，慢慢给自己增加信心。比如，先从站起来走一走，练习在家里做小展示，逐渐让自己习惯这些感觉。你可以告诉自己："即使做错了，也没关系，至少我尝试了。"通过一点点尝试，慢慢地，你会发现自己比想象中要坚强许多，勇气也会慢慢积累。

【通关秘籍】

掌握这些小秘籍，学会如何在面对挑战时鼓起勇气，迈出自己的第一步！

● 我们要理解，勇气并不意味着没有害怕，而是即使害怕，依然选择去做。就像登山时，虽然脚步沉重，但每一步走下去，都会让你离山顶更近。面对未知时，我们常常会感到紧张，但这种紧张感告诉我们，我们正在尝试新的事物，是成长的一部分。相信自己，勇气会在你迈出的每一步中积累。

● 面对挑战时，以下三个小窍门可以帮助你鼓起勇气，顺利前行：

1. 接受紧张：当你感到紧张时，先接受它。紧张并不等于不行，很多时候它只是提醒你正在做一件重要的事情。你可以轻轻告诉自己："我紧张，但这没关系，它并不会阻止我去做。"

2. 和他人分享你的感受：有时候，和朋友或家人分享你的担忧和紧张感，可以让你感觉轻松一些。你可以告诉他们你害怕的原因，往往会得到支持和鼓励，这能帮助你减轻恐惧，让你更加勇敢地去面对挑战。

3. 记录勇敢的瞬间：每次你勇敢地做了什么事情，无论大小，都将这件事记录下来。例如，今天你勇敢地跟同学打招呼，或者你独自完成了一个任务。每当你感到害怕时，翻开这些记录，它们会提醒你，其实你很勇敢。

【作者有话说】

　　每个人在面对困难时都会感到紧张和害怕，这并不意味着你不够勇敢。勇气并不是不害怕，而是即使害怕，依然选择迎接挑战。每次你面对恐惧时，都是你成长的机会。记住，成功并不是没有失败，而是在经历了挑战之后，你依然敢于站起来，继续前行。不要害怕犯错，因为每一次的错误都会让你更加接近成功。学会鼓励自己，每一步都能让你变得更强大，最终你会发现，自己已经变得非常勇敢，能够面对生活中的一切挑战。

第九章　缺爱小朋友的心情日记

01 为什么
我总觉得没人爱我

【情景再现】

　　今天是你最期待的周末，可你却没有那么开心。妈妈忙着工作，爸爸出去办事，家里只剩下你一个人。你想和他们一起玩游戏，或者去公园散步，但每次问他们，他们总是说："等一会儿，我很忙呢。"你慢慢感到心里空空的，觉得自己好像不重要，没有人在意你。你心里有点难过："为什么我的爸爸妈妈总是这么忙？他们是不是不爱我？"你坐在房间里，望着窗外，心里涌出一种孤单的感觉。

【内耗表现】

　　你觉得自己好像不被爱，总是一个人孤零零的，没人关心你。即使爸爸妈妈有时候会陪你，但你还是觉得那种温暖很快就消失了。你心里反复想着："是不是我做错了什么？为什么大家不喜欢和我在一起？"你觉得自己和别的小朋友不一样，他们的爸爸妈妈总有时间陪他们，而你却总是一个人。这种孤单的情绪像一块沉重的小石头，压在你的心里。

【反内耗做法】

　　有一天，你决定试着和自己聊一聊，问自己："真的没有人爱我吗？"你想起在生病时妈妈悉心照顾你，爸爸每天晚上会为你盖好被子。你开始发现，爱有时候藏在那些小小的细节里，并不总是很明显。你决定不再让那些想法困住自己，而是试着寻找那些温暖的瞬间。你告诉自己："爱其实就在我的身边，我可以去细心发现它。"渐渐地，你感到心里的孤单变少了，取而代之的是一种安心、快乐的感觉。

【通关秘籍】

掌握这些小秘籍，学会找到生活中藏着的爱，让心里充满温暖！

● 有时候，我们会觉得自己被忽视，好像没有人爱我们。其实，爱并不总是通过大声的表达或者显眼的动作表现出来。爱像一条细细的小溪，静静地流淌在生活的角落里。爱需要我们用心去寻找，而不是等待它大声地告诉我们："我在这里！"爱有很多不同的表现形式，我们需要用心去感受和发现这些爱的瞬间。

● 面对生活中不易察觉的爱，这里有三个小窍门分享给你：

1. 寻找爱的瞬间：每天晚上睡觉前，想一想今天发生的那些小事情，比如爸爸帮你拿了一杯水，妈妈帮你整理了书包。这些小小的举动都是爱的一部分。爱并不一定要很大声，有时它藏在那些不易察觉的细节里。

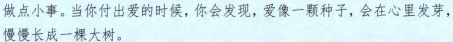

2. 主动给予爱：你可以给妈妈一个小小的拥抱，帮爸爸做点小事。当你付出爱的时候，你会发现，爱像一颗种子，会在心里发芽，慢慢长成一棵大树。

3. 用感恩的心看待生活：每天花一点时间回想今天让你感到温暖的小事，比如朋友帮你拿东西，或者家人为你做了喜欢的饭菜。用感恩的眼光去看待每一天，你会感到生活变得更加温暖和幸福。

【作者有话说】

"爱，是看不见的力量。"我们每个人都需要爱，但爱不总是以我们期望的方式出现。其实，爱就像空气，无处不在，只是我们有时没有注意到。别让孤单的感觉困住你，勇敢去寻找那些温暖的瞬间。每一次你发现爱的存在，就像给自己点亮了一盏灯，让你在黑暗中也能感到温暖和安全。相信自己，你是被爱着的，只要你用心去发现，爱就在你身边。

02 被同学孤立了，我觉得很难过

【情景再现】

今天的课间，你和小伙伴们一起在操场上玩游戏。刚开始，你还很开心地跑来跑去，和大家一起笑着，但突然你发现，大家开始围成一圈，玩他们自己的游戏，而你被冷落在一旁。你走过去想加入，但他们好像没听见，依旧继续玩耍。你心里一阵难过，不知道自己哪里做错了。你站在那里，不知道该不该再次开口，心里忍不住想："为什么他们不带我一起玩？我是不是哪里不好？"

【内耗表现】

你坐在教室里，脑子里全是刚刚发生的事情。你开始怀疑自己："我是不是太无趣了？他们为什么不想跟我玩？"你回想着自己和他们相处的点滴，想着是不是自己做错了什么。每次听到他们的笑声，你都觉得自己被远远地抛开，心里越来越难过。你不想再主动靠近他们了，害怕被再次冷落。你觉得自己好像被隔在了一道无形的墙外，越想越觉得无助。

【反内耗做法】

这一次，你决定不要再让那些孤单的感觉困住自己。你告诉自己："也许他们只是没有注意到我，而不是故意把我排除在外。"你试着不再让心里的难过放大，而是主动去和一个你信任的朋友聊天，告诉他自己的感受。你发现，当你表达出来时，朋友其实也没有意识到你感到被冷落，他们很愿意让你加入。你还试着学会给自己一些鼓励："我有自己的价值，我也有很多有趣的地方，我值得拥有很多好朋友。"

【通关秘籍】

　　掌握这些小秘籍，学会如何应对被孤立的难过情绪，重新找到快乐的时光！

　　● 我们要明白，孤单的感觉并不意味着我们不够好。就像天空中的云，有时会遮住阳光，但太阳依然在那里。孤单和被排斥的感觉就像那片云，它只是暂时的，快乐和友谊仍然在我们的生活中。不要让这些负面的情绪定义你，而是学会面对它们，找到解决的办法。告诉自己："我值得被喜欢，我有美好的一面。"

● 面对孤单和被孤立的情绪，这里有三个小窍门分享给你：

1. 主动靠近法：如果你觉得被忽视，不要害怕，主动走近大家，哪怕只是在一旁静静地陪着他们。有时候，大家并不是故意不带你一起玩，而是没注意到你在一旁。大胆一点，微笑着走过去加入他们的游戏，你会发现大家其实都欢迎你。

2. 寻找一个信任的朋友：当你觉得被孤立时，找一个你信任的朋友，和他分享你的感受。说出来能让你心里轻松许多，也能帮助你重新找到自信。

3. 照顾好自己：当你感到孤单时，不妨做一些让自己开心的小事，比如画画、听喜欢的音乐，或者做自己喜欢的活动。照顾好自己的情绪，你会发现，快乐正在慢慢回到你心里。

【作者有话说】

有时候，我们感到孤单，并不是因为没有人喜欢我们，而是因为我们暂时缺少一个融入大家的机会。勇敢迈出第一步，告诉朋友们你的感受，也许他们根本不知道你在难过。记住，你的存在很重要，你有许多有趣、可爱的一面，只要你愿意去发现、去融入，孤单的感觉很快就会消散。去寻找新的伙伴、珍惜身边的小美好，你会发现自己并不孤单。

03 老师是不是不喜欢我

【情景再现】

在课堂上，老师叫了几位同学回答问题，但没有叫你。你举了几次手，老师好像都没有看到，你心里觉得有点失落。后来，在做小组作业时，老师走过来给其他同学提出了很多建议，却只对你简单点了一下头就走开了。你开始觉得奇怪："老师为什么不多和我说话？他是不是不喜欢我？"回家的路上，这个问题一直困扰着你，你心里一阵阵难过："为什么老师总是这样？我哪里做错了吗？"

【内耗表现】

你开始反复想着老师的行为，觉得自己好像做了什么错事才会让老师对你不理不睬。你越想越难过，觉得自己是不是不够聪明、不够特别，老师才不愿意多关注你。你在脑海中回忆课堂上的每个细节，试图找出自己哪里不对。随着这种感觉越来越强烈，你的自信心也开始降低，总觉得自己被忽视和不被喜欢。上课时，你也总是低着头，听课也不是很认真了。

【反内耗做法】

你决定不再让这种难过的情绪困扰自己，你慢慢发现，老师其实对每个同学的关注都不同。你告诉自己："也许老师今天很忙，没能注意到我。"你开始主动找机会和老师多交流，比如下课后主动走到老师面前问一些问题，或是向老师展示自己的作业。你发现，当你积极和老师沟通时，老师其实很愿意回应你，甚至给你一些鼓励。渐渐地，你明白了，有时候老师没有注意到你，并不是不喜欢你，而是她在忙着照顾所有同学。

【通关秘籍】

掌握这些小秘籍，学会应对"老师是不是不喜欢我"的困惑，轻松融入课堂！

● 老师的关注是有限的，老师需要照顾整个班级的同学，所以有时你可能会觉得自己没有被注意到。其实，这并不代表老师不关心你。老师对你的关注有时藏在一些小小的动作里，比如微笑、点头或者简单的问候。试着用心去感受这些小信号，你会发现，老师其实一直在关注你。

● 面对这种困惑，这里有三个小窍门分享给你：

1. 主动与老师沟通：如果觉得自己被忽视了，可以在下课后主动和老师聊一聊，问问她今天课堂上讲的内容。老师会通过你的积极表现看到你的进步，并给予你鼓励。

2. 不总依赖老师的表扬：有时，老师可能忙于照顾其他同学，暂时没有表扬你，但这并不代表你的努力没有被看到。学会为自己的进步感到骄傲，自己也可以成为自己的鼓励者！

3. 用微笑和眼神交流：老师有时会因为很忙，而没法和每个同学都多说话，但你可以通过微笑和眼神与老师交流。当老师看到你充满信心的笑容时，也会对你有更多的关注。这样简单的互动，也会让你觉得自己与老师建立了更深的感情。

【作者有话说】

"每一个孩子的成长都需要关注，但关注不一定是时刻存在的。"有时，老师可能在忙着照顾其他同学，没有第一时间回应你，但这并不意味着你不被在乎。其实，老师心里是希望每一个孩子都能够进步的，只是有时她无暇顾及所有人的感受。相信自己，你是独一无二的，也值得被老师关注。主动与老师沟通，你会发现，老师也在默默关注着你的努力和成长。

04 如何和家人更好地沟通

【情景再现】

放学回家后，你急着想和妈妈分享自己在学校里的趣事和烦恼。可妈妈正在忙着工作，只是点了点头，说了一句："等会儿再说。"你有些失望，感觉自己没有被重视。过了一会儿，你又想和爸爸说今天发生的事，但爸爸正忙着看电视，随便应付了几句，就没有再理你。你心里觉得很失落："他们是不是不关心我？"你悄悄回到房间，感到很孤单，觉得家人好像并不在意你的想法和感受。

【内耗表现】

你开始想，为什么家人总是这么忙，似乎从来没时间听你说话。你觉得自己好像不重要，也不值得被关心。你想和他们分享自己的心情，可每次他们都好像不怎么在意，让你觉得自己被忽略了。这种被冷落的感觉慢慢积累，让你有些不开心。你觉得沟通似乎越来越困难，害怕自己说出来也没人愿意听，你甚至开始怀疑："我是不是不该打扰他们？"

【反内耗做法】

你想要改变和家人的沟通方式，你开始想，也许爸爸妈妈真的很忙，并不是故意忽略你。你试着换一个时间，在大家都比较放松的时候和他们说话，比如吃晚饭时，或者等他们工作结束后。你还学着用简短的话表达自己，让他们先了解你的感受。你发现，当你选择合适的时机和方式表达时，家人会认真倾听，并且和你交流得更愉快。你明白了，沟通有时候需要等待和耐心，要找到适合的时机去分享你的心情和想法。

【通关秘籍】

掌握这些小秘籍，学会如何更好地和家人沟通，让家人更了解你的想法！

● 沟通就像搭桥，需要耐心和方法。每个人都有自己的忙碌时刻，家人有时可能因为工作或其他事情没有马上回应你，但这不代表他们不关心你。我们可以通过选择合适的时间、清晰表达感受，让家人更好地理解我们的想法和感受，建立健康的沟通方式。

● 面对家人忙碌或者没能及时回应的情况，这里有三个小窍门分享给你：

1. 选择最佳时机：家人在忙的时候，沟通可能不那么顺畅，试着选择合适的时机，比如吃晚饭时，或者等他们工作结束后再去表达你的感受。这样他们会更容易倾听你的想法，效果会更好。

2. 清晰表达感受：有时，我们没有表达清楚自己的情绪和想法，家人也可能误解你的需求。试着用简短、

清晰的话告诉他们你的感受，比如"我今天心情不好，想和你聊聊"。这种直接的表达会让家人更容易理解你。

3. 学会倾听家人：沟通是双向的，不仅要表达自己，还要学会倾听。听听家人的想法，了解他们的感受，你会发现彼此的沟通会更加顺畅、和谐。

【作者有话说】

沟通是连接我们与家人的桥梁，虽然有时候我们会觉得家人没有及时听到我们的心声，但这并不代表他们不在乎我们。就像一朵花需要阳光和水才能开得美丽，沟通也需要时间、耐心和正确的方式。勇敢地表达自己，耐心地倾听家人，你会发现，家人的关心一直都在，只需要找到合适的时机去打开这扇门。相信自己，也相信家人，你们的心其实是紧紧相连的。

05 学会爱自己，我值得被爱

【情景再现】

今天，你和小伙伴们在操场上玩耍，大家决定一起玩捉迷藏。你其实很想当捉人的那个，可是朋友小敏说他特别想当，你马上就改变了主意，决定不说出自己的想法。每次你想说出自己的想法时，总是不自觉地先看看别人是不是也想要这个，然后你就会默默退到一边，把机会让给别人。你不想因为自己让别人不高兴。虽然心里有点失落，但你总是对自己说："没关系，只要大家开心就好了。"

【内耗表现】

回到家后，你开始反思今天的事情。你明明也想要当捉人的那个，可为什么总是让步呢？你常常为了让别人开心而牺牲自己的感受，却忽略了自己的需求。你问自己："为什么我不敢表达自己想要的？是不是我的想法不重要？"这些问题在你的脑海里不断重复，你渐渐觉得自己不值得被关心和在乎，甚至开始怀疑是不是只有讨好别人，自己才能被喜欢。

【反内耗做法】

你决定试着关注自己的感受，不再总是先为别人考虑。你告诉自己："我的需求也是重要的，我有权利说出我的想法。"于是，你开始在小事上练习表达自己的想法。比如，下一次游戏选择时，你勇敢地说出："我今天想玩足球。"你发现，当你主动表达自己时，大家其实也愿意听你的意见。你学会了在合适的时候关心别人，但也不再忽略自己的感受。你明白了，关心别人和照顾自己的需求并不矛盾。

【通关秘籍】

　　掌握这些小秘籍，学会爱自己，让心里变得更加温暖！

　　● 爱自己和关心别人一样重要。学会爱自己，不是自私，而是让自己有更多力量去关心别人。有时候，为了让别人开心而忽视自己的感受，会让我们觉得不被在乎。其实，爱自己和爱别人一样重要。只有学会尊重自己的感受，我们才能更好地与别人相处。爱自己并不是自私，而是让自己感到被重视和尊重。

● 面对这些感受，学会爱自己，这里有三个小窍门分享给你：

1. 关注自己的感受：每天花点时间问问自己"我今天开心吗？有没有什么让我不舒服的事？"当你了解自己的感受时，就更容易在需要的时候表达出来。

2. 拒绝内心的"批评者"：有时我们会对自己太严格，总是批评自己哪里做得不够好。试着对自己说："我已经做得很好了，今天的我值得被爱。"告诉那个批评者休息一下，用温柔和支持的心态对待自己。

我今天开心吗？

3. "感谢自己"练习：每天晚上睡觉前，闭上眼睛，想一想你对自己感到感恩的三件事。比如"我今天没有放弃努力"或者"我今天对自己很有耐心"。这个练习让你意识到，自己也在用心爱自己。

【作者有话说】

"自我接纳是幸福的关键。"学会爱自己，意味着我们学会了接受自己的需求和感受，并不再一味地为了讨好别人而牺牲自己。关心别人当然重要，但我们同样需要学会关心自己，这样才能拥有健康、平衡的关系。相信自己，你值得被爱，也值得被关心。每一次你勇敢表达自己的想法，都是在告诉自己："我也很重要，我值得被爱。"